AF567490

CARDO VERLAG

Microsoft Dynamics CRM für Anwender
-
Tipps und Tricks: Schnelleres Arbeiten durch versionsübergreifende Anwendungshinweise

von
Lars Brodersen

2. Auflage

Hinweise für die Benutzer

Die Benutzung dieses Buches und die Umsetzung der darin enthaltenen Informationen erfolgt ausdrücklich auf eigenes Risiko. Haftungsansprüche gegen den Autor für Schäden, die durch die Nutzung oder Nichtnutzung der Informationen bzw. durch die Nutzung fehlerhafter und/oder unvollständiger Informationen verursacht wurden, sind grundsätzlich ausgeschlossen. Rechts- und Schadenersatzansprüche sind daher ausgeschlossen. Das Werk inklusive aller Inhalte wurde unter größter Sorgfalt erarbeitet. Der Autor übernimmt keine Haftung für die Aktualität, Richtigkeit und Vollständigkeit der Inhalte des Buches, ebenso nicht für Druckfehler. Für die Inhalte der in diesem Buch abgedruckten Internetseiten sind ausschließlich die Betreiber der jeweiligen Internetseiten verantwortlich. Der Autor hat keinen Einfluss auf Gestaltung und Inhalte fremder Internetseiten und distanziert sich von allen fremden Inhalten. Zum Zeitpunkt der Verwendung waren keinerlei illegale Inhalte auf den Webseiten ersichtlich.

Bibliografische Information der Deutschen Nationalbibliothek Die Deutsche Nationalbibliothek verzeichnet diese Publikation in der deutschen National-bibliografie. Detaillierte bibliografische Daten sind im Internet über <http://dnb.ddb.de> abrufbar.

In diesem Buch sind Bildschirmkopien (Screenshots) verschiedener Versionen des Microsoft Dynamics CRM™ enthalten. Alle Screenshots sind den Versionen 2016 (Online) sowie 2016, Update 1 (Online) sowie Dynamics 365 Sales/Marketing entnommen, weisen aber mitunter eine hohe Ähnlichkeit mit früheren Versionen (4.0, 2011 und 2015) auf. Ebenso sind Screenshots des CRM für Outlook – Add-ins (Konnektor für Microsoft Office Outlook® zur Darstellung von Inhalten des Microsoft Dynamics CRM™ in der Outlook-Benutzeroberfläche) sowie Dynamics 365 App für Outlook enthalten.

Nutzung mit Genehmigung von Microsoft.

2. Auflage 2023

Printed in Germany

ISBN: 9783982325583

Vorwort zur 2. Auflage

Es gibt sehr viele Bücher zum Microsoft Dynamics CRM (kurz MS CRM) für Berater und Entwickler, sprich zur Anpassung (engl. Customizing) und Entwicklung (engl. Development) des Systems. Leider gibt es so gut wie keine Bücher für Anwender der Software, was insofern eine große Lücke darstellt, weil nicht jeder Anwender vorab gut geschult und trainiert wird. Sei es, weil im Unternehmen Personalengpässe, Ressourcenknappheit für Schulungsbudgets, fehlendes Wissen zur Software oder Verständnis für die Relevanz der Software gegeben ist. Die wenigen Bücher die es gibt, unterscheiden meist nicht zwischen den unterschiedlichen Rollen der Anwender: z. B. Vertriebsmitarbeiter mit operativen Schwerpunkten im Vergleich mit einem Marketingmitarbeiter mit analytischen Schwerpunkttätigkeiten im Vergleich mit einem Servicemitarbeiter mit vorwiegend kommunikativen Prozesstätigkeiten.

Selbst mit einem ersten guten Training ist ein rollengerechtes Nachschlagewerk zum MS CRM allerdings notwendig, weil ein temporäres Training der beständigen Fortentwicklung seitens des Herstellers oder durch das einsetzende Unternehmen nicht gerecht werden kann. Auch zielen Schulungen meist auf die Grundzüge der Anwendung ab, z. B. den Aufbau der Navigation oder die im jeweiligen Unternehmen vorzugsweise genutzten Funktionen, aber stellen Funktionen nicht vergleichend gegenüber. Auch die in vielen Unternehmen etablierten Key/Power User Organisationen sind weniger wirksam als die Gründungsidee es oft vorsieht, weil die Beteiligten gleichbleibend im Tagesgeschäft eingebunden sind oder aber selbst mit oben genannter Vorgehensweise geschult wurden und sich das Wissen über die Zeit verliert.

Ich war selbst knapp 10 Jahre Berater für die Lösung von Microsoft und habe Schulungen, initiale Trainings und Aufbaukurse bei internationalen Kunden durchgeführt. In der Zeit danach bin auf Inhouse-Positionen gewechselt und arbeite nun insgesamt seit mehr als 16 Jahre mit dieser CRM-Softwarelösung. Daher kenne ich die Software einerseits aus der Perspektive eines externen Technologieberaters, andererseits aus der Sicht eines internen Beraters der eng mit den Fachabteilungen zusammenarbeitet. Ich kenne die Software aus dem Einsatz in Startups, in KMU's (Klein- und Mittelständische Unternehmen) sowie in Konzernen oder Joint Ventures. Mein Verständnis einer CRM-Software (unabhängig vom Hersteller) beim Einsatz im Unternehmen ist:

- Für viele ist ein CRM eine Adressverwaltung: Stattdessen ist es aber ein, durch Technologie repräsentiertes, beständiges Transformationsprojekt des Unternehmens
- CRM wird oft als Tool verstanden und der Umfang unterschätzt: Es ist hingegen eine serverbasierte Systemsoftware, sprich umfangreicher als jede Anwendungssoftware (z. B. Excel aus Microsoft Office), deutlich vielschichtiger als jede Content Management Software (kurz CMS) die oft damit werben auch CRM-Funktionen zu beherbergen (was nicht mehr als Marketing ist) und komplexer als jedes AddOn was im Unternehmen eingesetzt wird
- Oft wird es als Kontrollinstrument verstanden oder dahingehend eingesetzt: CRM-Softwarelösungen dienen hingegen der Unterstützung operativer, analytischer, kommunikativer und kollaborativer Geschäftsprozesse im Unternehmen im Sinne einer Optimierung der Kundensituation. Dementsprechend bieten sie einen hohen Funktionsumfang, der aber in der täglichen Anwendung zu Überforderungen führen kann
- Eine CRM-Software hat meist einen kleineren Funktionsumfang als eine ERP-Lösung und bekommt oft weniger Aufmerksamkeit im Unternehmen, bietet dafür aber eine Flexibilität und Anpassungsmöglichkeit an die Skalierung und Änderung der Geschäftsprozesse, wie es kaum eine andere Software kann und muss

Schaut man sich die Nachteile von stand-alone Schulungen und die Auswirkungen auf das Tagesgeschäft der Anwender an, ergibt sich eine Antwort auf die Frage weshalb es ein Anwenderbuch für das MS CRM braucht. Erst recht natürlich, wenn keine Schulungen durchgeführt werden und Anwender sich selbst überlassen sind.

Es soll aber auch benannt werden, was dieses Buch nicht leisten kann.

- Microsoft als Hersteller hat 2022 nach Einschätzung von Experten erstmalig, durch die beständig hohen Investitionen in die Software, die Möglichkeit seine Hauptkonkurrenz in einigen Jahren hinter sich zu lassen. Ob das nun so kommt oder nicht sei dahingestellt – Es zeigt aber wie viel Änderung das MS CRM erfährt und es somit für ein Buch schwermacht, top-aktuell jede Funktion ausführlich und korrekt zu beschreiben
- Jede CRM-Software wird durch Daten aus ERP-Systemen, Ticket-Tools, Bürosoftware (z. B. E-Mail-Software), Produkt-, Preis- und Währungsdatenbanken uvm. angereichert. Dieser individuellen Situation kann dieses Buch nicht gerecht werden und versucht daher, möglichst hilfreiche Anwendungstipps bei gleichzeitig notwendigem Abstraktionsniveau zu geben
- Durch ein falsches Architekturverständnis werden im MS CRM mitunter Funktionen entfernt oder unnötig komplexe Funktionen zusätzlich implementiert. Beides geschieht oft in guter Absicht, z. B. um Anwender vor hoher Komplexität zu schützen oder maximal möglich in den täglichen Routinen zu unterstützen. Damit werden aber oft ungewollt Funktionen verfälscht oder es findet eine Vergoldung (engl. Feature Creep) statt, so dass die Beschreibung in einem Buch nicht mehr dazu passt was ein Anwender im System sieht
- Trotz aller Sorgfalt geschehen Fehler bei der Bucherstellung, entweder durch eine missverständliche Formulierung oder weil kurz nach Fertigstellung eines Abschnitts eine Funktion von Microsoft geändert, verbessert oder ausgetauscht wird. Das zu vermeiden ist mein höchstes Ziel, aber trotz aller Passion und Leidenschaft wäre es nicht das erste Mal das ich als Autor überrascht werde und wieder etwas dazulernen darf/muss

Ganz besonders wichtig war mir die Klärung der Frage, **wieviel Grundlagenwissen** in der 2. Auflage enthalten sein muss und wie stark es auf die **Anforderungen von erfahrenen Anwendern** eingehen soll. Die letzte der beiden Fragen war leicht zu beantworten, weil der Startschuss für das Buch folgender war: Es gibt eine Vielzahl von Tipps und Tricks die zur Erleichterung im Umgang mit dem MS CRM führen, wenn man sie nur kennt. Das sind Abkürzungen oder Funktionen, die sich nicht auf den ersten Blick erschließen. Sie machen den Unterschied zwischen einem Anfänger und einem erfahrenen Anwender aus und basieren auf Ausprobieren, Erfahrung sowie Neugier und Hinweise von Profis. Deren Anzahl ist begrenzt, wenngleich auch nicht klein, und bieten aber einen hohen Mehrwert, den man für ein Buch bereit ist auszugeben, weil sie das tägliche Arbeiten stark erleichtern.

Ohne Grundlagenwissen bieten diese Tipps und Tricks für Anfänger selbstverständlich zu wenig. Ob nun aber das Berechtigungsmodell des MS CRM mit zum notwendigen Grundlagenverständnis gehört oder die Unterschiede in der Browser-basierten Anwendung im Vergleich zur mobilen Anwendung, darüber lässt sich diskutieren. Ein Vertriebsmitarbeiter wird naturgemäß auch weniger an Funktionen für das Marketing oder den Servicebereich interessiert sein. Für manch einen Anwender sind die Abbildung von komplexen Kundenhierarchien wichtig im Tagesgeschäft, für andere zählen visuelle Zusammenfassung von erfassten Quantitäten als Steuerungsinstrument - jeder weniger interessiert an der jeweils anderen Funktion, die aber nur im Zusammenspiel den Gesamterfolg ausmachen.

Hier die Grenze zu ziehen und es recht zu machen, ist wenig aussichtsreich. Insbesondere wenn man bedenkt, dass manche Unternehmen auf die OnPremise-Version (lokal vom Administrator verwaltet) setzen, während andere Unternehmen die Cloud-basierte Version lizensiert haben, die ständig top-aktuell gehalten wird. Das Buch schafft es hoffentlich überall die goldene Mitte zu finden, andernfalls ist jeder Hinweis und Ratschlag sehr willkommen und wird in einer Folgeauflage berücksichtigt. Und wo es mal wichtig ist, ist der Autor über den Verlag zu erreichen und gibt gern seine Einschätzung zu einer Situation.

Inhalt

Funktionale Grundlagen

In diesem Kapitel werden die Grundlagen des CRM-Systems beschrieben. Diese Einführung soll helfen, die Schritt-für-Schritt-Anleitungen in den nachfolgenden Kapiteln besser zu verstehen. Allerdings soll das von Microsoft vorhandene Trainingsmaterial dabei nicht kopiert und durch eine weniger zeitlich aktuelle Printvariante ersetzt, sondern vielmehr praxisnah und mit weniger technischen Fachbegriffen umrissen werden. Sollte die Starthilfe in diesem Kapitel also nicht ausreichen oder sollten vertiefende Details fehlen, empfiehlt der Autor, die folgenden Inhalte von Microsoft zu nutzen. Diese sind stets aktuell gehalten, an der einen oder anderen Stelle allerdings auch mit Marketingaspekten und technischen Details angereichert. Die folgenden Stichpunkte geben einen kurzen Überblick, wobei die hilfreichsten Begriffe für die Suchmaschine fett hervorgehoben sind und idealerweise um die Wörter **Dynamics CRM**, **Dynamics 365** oder **Microsoft Customer Engagement** ergänzt werden sollten. Es soll dabei nicht unerwähnt bleiben, dass mit englischen Begriffen deutlich mehr Treffer erzielt werden.

Blogs: Die **Microsoft-Community** für **Dynamics 365/CRM** ist sehr ausgeprägt und jeden Tag gibt es eine Vielzahl an Beiträgen in dem **Blog** der Community. Die meisten Beiträge sind aber von Administratoren geschrieben. Dort kann allerdings auch jeder Anwender seine Fragen loswerden und erhält meist nach kurzer Zeit eine konkrete Hilfestellung oder hilfreiche Links.

Dokumentation: Unter dem Begriff **Dynamics 365/CRM Dokumentation** lassen sich verschiedene Schriften zu aktuellen Themen finden. Diese sind nicht immer funktionsspezifisch, sondern behandeln manchmal auch Randthemen oder Themen zum Kundenbeziehungsmanagement.

eBooks/Whitepaper: Von der Microsoft Press gibt es einige **eBooks** oder **Whitepaper** zum Gratis-**Download**. Auch Microsoft-Partner veröffentlichen regelmäßig Schriften (z. B. das bekannte CRM Book von Power Objects), die sich mit speziellen Themen befassen. Diese Schriften sind meist entweder sehr allgemein, aber funktionsspezifisch, oder auf die Verwendung durch Fachanwendergruppen (**Marketing, Vertrieb oder Service**) ausgerichtet.

eLearning: Es gibt von Microsoft angebotene **eLearning**-Kurse (kostenpflichtig oder gratis) zum Erlernen der Funktionen des CRM-Systems. Diese sind auch über das **Service Hub** (bitte beim Administrator nachfragen) erreichbar.

MVPs: Neben den vielen passionierten Anwendern und Semi-Profis gibt es eine **Liste** sogenannter **Most Valuable Professional** (MVP) für das CRM von Microsoft. Diese beschäftigen sich bereits seit vielen Jahren mit dem CRM-System und haben meist eigene Blogs oder Webseiten, auf denen sie hilfreiche Informationen bereitstellen. Sie sind allerdings eher für Administratoren.

Schulungen: Es gibt zertifizierte **Microsoft-Partner** für den Bereich **Training** und **Schulung** bzw. **Zertifizierung**. Bei diesen Unternehmen können Gruppen- oder Individualschulungen, oft zusammen mit der jeweiligen Zertifizierung, falls dies für die berufliche Karriere interessant ist, angefragt werden.

Benutzerdefinierte Hilfeseiten: Im englischen **Customer Help Panes**[1] genannt, die direkt im CRM-System integriert ist und Basisfragen zur Anwendung des Dynamics CRM beantwortet. Sie können vom Administrator oder berechtigten Power Usern angepasst werden. Sie können die

[1] Sie ersetzen eine frühere Funktion, genannt **Learning Path**, und können Rich-Text (einschließlich Aufzählungszeichen und Nummerierung), Trainermarkierungen und Hilfesprechblasen sowie Video-Einbettung (auch aus unternehmens-internen Ablageorten) enthalten.

Online-Dokumentation des gesamten Standards (also das, was im ursprünglichen System bei dessen Installation enthalten ist) enthalten oder um zusätzliche Inhalte erweitert werden.

Videos: Zu fast jeder Funktion und jedem technischen Begriff gibt es eine Vielzahl an Videos auf **YouTube**. Es empfiehlt sich, neben der **Funktionsbezeichnung** (siehe Glossar am Ende dieses Buches) die **Version** des CRM (4.0, 2011, 2013, 2015, 2016 oder Dynamics 365 bzw. Dynamics CRM) als Suchkriterium zu verwenden, weil es mitunter kleinere, funktionale Unterschiede gibt. Microsoft selbst betreibt auch eigene **Kanäle** auf YouTube mit verschiedenen Videos, die regelmäßig aktualisiert werden.

Anhand der Vielzahl der Punkte wird deutlich, wie viele Lernhilfen von Microsoft und dessen Partnerunternehmen bzw. Unterstützern der Software angeboten werden. Diese können dazu beitragen, ein grundsätzliches Verständnis des Systems zu erlangen, sollte die eingängige Grundlagenbeschreibung in den folgenden Abschnitten nicht ausreichen, um die Schritt-für-Schritt-Anleitungen effektiv nutzen zu können.

Die Module und ihre Kernbestandteile

Das Kundenbeziehungsmanagement als solches fokussiert sich auf die Abteilungen mit den meisten kundenbezogenen Interaktionen - Diese sind meistens das Marketing, der Vertrieb sowie der Service. Deshalb hat das Microsoft Dynamics CRM diese drei Module als Hauptbestandteile, z. B. in der Navigation zu sehen.

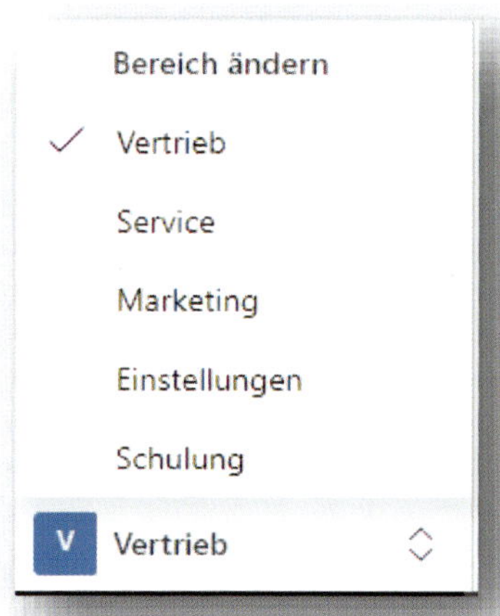

Screenshot 1: Module des Microsoft Dynamics CRM

Dies lässt sich ändern und auf die Erfordernisse des Unternehmens anpassen, z. B. indem die Module umbenannt werden oder weitere Module hinzugefügt und neue Komponenten/Funktionen dort angezeigt werden. Die Standardfunktionen des Microsoft CRM beziehen sich aber auf diese drei Module.

Die wichtigsten Komponenten dieser drei Module im MS CRM sind Folgende:

- Marketing[2]
    - Echtzeitmarketing[3] (eher B2C)
        - Customer Journeys, Mobilnachrichten, Realtime Analytics
    - Outbound-Marketing (eher B2B)
        - Social Media Posting, Landing Pages, Event & Lead Mgmt. sowie Lead Scoring
- Vertrieb[4]
    - Teamarbeit
    - Umsatzsteigerung durch Optimierung der Verkaufszyklen
    - Zielvereinbarungen und Verkaufsplanung sowie -unterstützung
- Service
    - Servicekalender
    - Warteschlangen
    - Wissensartikel
    - Verträge
    - Services/Dienstleistungen
    - Zielvereinbarungen
    - Soziale Profile

Die Komponenten können sich, je nach Version des CRM, ändern. Grundsätzlich ist dies aber die häufigste Zuordnung.

---

[2] Quelle: https://learn.microsoft.com/de-de/dynamics365/marketing/overview

[3] Hier startet meist der Kunde die Interaktion (trigger-based).

[4] Quelle: https://dynamics.microsoft.com/de-de/sales/overview/

Es gibt zusätzlich Komponenten, die mehr oder weniger gleich und deshalb in allen Modulen verfügbar sind:

- Alle Tabellen[5]: Firmen, Kontakte, Leads etc.
- Dashboard mit Diagrammen
- Übersicht der Aktivitäten
- Berichte
- Produktverwaltung
- Kalender

Als Anwender sieht man ein Modul nur, wenn man für mindestens eine der Komponenten die Berechtigungen erhalten hat. Eine Ausnahme bildet das Modul *Einstellungen* (engl. Settings), dieses sieht man als Anwender immer und kann z. B. Einsicht in Unternehmensanpassungen nehmen (wenn die Berechtigungen entsprechend vergeben sind).

Möchte man zu den Systemeinstellungen gelangen, gibt es die Funktion *Erweiterte Einstellung,* die über die Navigationsleiste zu erreichen ist[6].

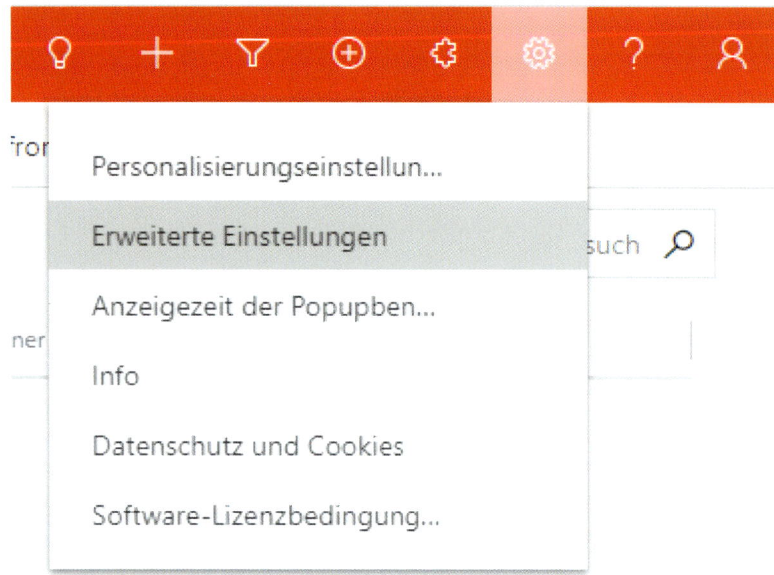

Screenshot 2: Aufruf der Funktion Erweiterte Einstellung

[5] Bis ca. Ende 2021 hat Microsoft noch den Begriff Entitäten verwendet.

[6] Es ist zu erwarten, dass dieser Teil mehr und mehr in das Power Apps Portal umgelegt wird, deshalb kann es in einer späteren Version als bei der Drucklegung sein, dass dieser Bereich nicht mehr so zu erreichen ist.

Die Navigation und Eingabemaske

Die grundlegende Navigation des CRM-Systems sah bis zur Version 9.0 folgendermaßen aus:

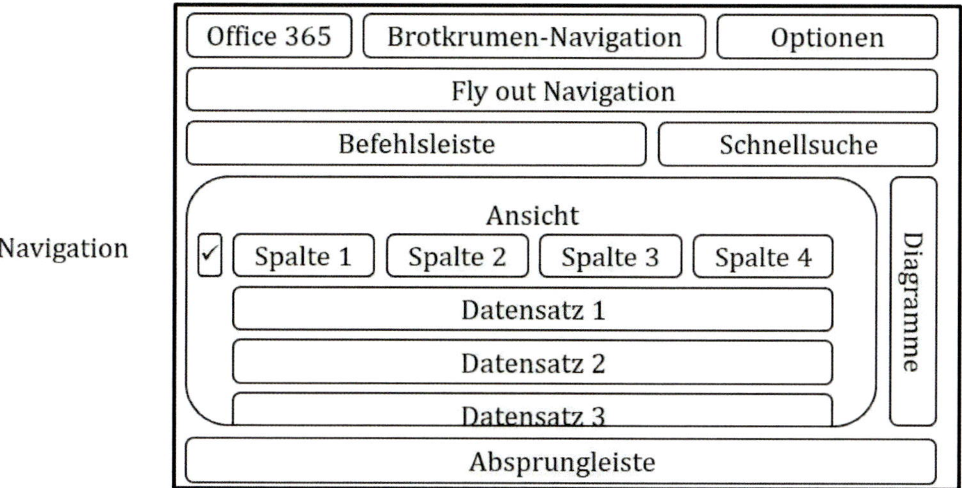

Abbildung 1: Navigation im Browser vor Unified Interface (für den Zugriff über den Browser)

Während im oberen linken Teil der Zugang zum Office 365 (bei Online-Systemen) lag, befand sich in der Mitte Oben die hauptsächliche Navigation durch die Module und die darunterliegenden Komponenten. Diese zeigt den Pfad zum aktuell verwendeten Element und sollte die Orientierung vereinfachen. Dafür gibt es zwei verschiedene Begriffe: Folgt man dem Hänsel-und-Gretel-Märchen, wurde sie Brotkrumen-Navigation genannt, folgt man der griechischen Mythologie, dann hieß sie Ariadne Pfad. Die Navigation wurde nach unten aufgeklappt, wenn man sie aktivierte, wobei sie aus den Modulen, Modulgruppen und Entitäten bestand. Der mittlere Teil (Fly out Navigation) wurde von den wenigsten Anwendern, die einen Browser verwenden, wirklich registriert, in Microsoft Office Outlook hingegen trat sie deutlicher in Erscheinung. Oben rechts waren verschiedene Optionen (Globale Suche, Zuletzt verwendete Datensätze, Schnellanlage und die Erweiterte Suche sowie die Einstellungen und der Zugang zur Hilfe und dem Benutzerkonto) enthalten, die darauf abzielten, schnell zu gewünschten oder häufig genutzten Datensätzen zu gelangen.

Darunter lag die kontextuelle Befehlsleiste (sie variierte, je nachdem welche Datensätze in der Ansicht ausgewählt werden) sowie die Schnellsuche (mit Bezug zur jeweils ausgesuchten, aktuellen Ansicht).

Die darunterliegende Ansicht beinhaltete die CRM-Datensätze, dargestellt in Spalten und Zeilen. Rechts neben der Ansicht konnten Diagramme eingeblendet werden, die die angezeigten Datensätze grafisch darstellten und die in der Ansicht enthaltene Filteroptionen (oben rechts in der Ansicht in Form eines Trichtersymbols) durch sogenannte Drilldowns (sinngemäß übersetzt: *auf den Grund gehen*) simulierten. Die Ansicht enthielt, je nach Menge der Spalten und Datensätze, jeweils einen Scrollbalken auf der rechten Seite und am unteren Ende.

Randnotiz: In diesen Ansichten treten bei den meisten Unternehmen oft zwei Phänomene auf: Einerseits beinhalten die Ansichten (z. B. der Aktiven Firmen) nach einer Datenmigration oft viele, scheinbar leere Datensätze. Dies resultiert daraus, dass die Ansicht alphanummerisch sortiert und Leerzeichen sowie Sonderzeichen oben anzeigt werden, weshalb schlecht gepflegte Datensätze ebenfalls oben erscheinen. Andererseits fragen sich manche Anwender, weshalb sie keine Daten sehen können, wobei der Fehler meist in der Auswahl der falschen Ansicht (z. B. *Aktive Firmen* anstatt *Meine aktiven Firmen*) liegt.

Unter der Ansicht befand sich die Absprungleiste, mit welcher direkt zu Datensätzen mit einem bestimmten alphanummerischen Anfang gesprungen werden konnte. Dort ließ sich ebenfalls eine Übersicht zur Gesamtanzahl der in der Ansicht gezeigten Datensätze als auch die aktuelle Seite der Ansicht einsehen.

Später (nach dem Wechsel, der durch das Unified Interface-Update im Oktober 2020 kam) nun sieht die Navigation in etwa so aus:

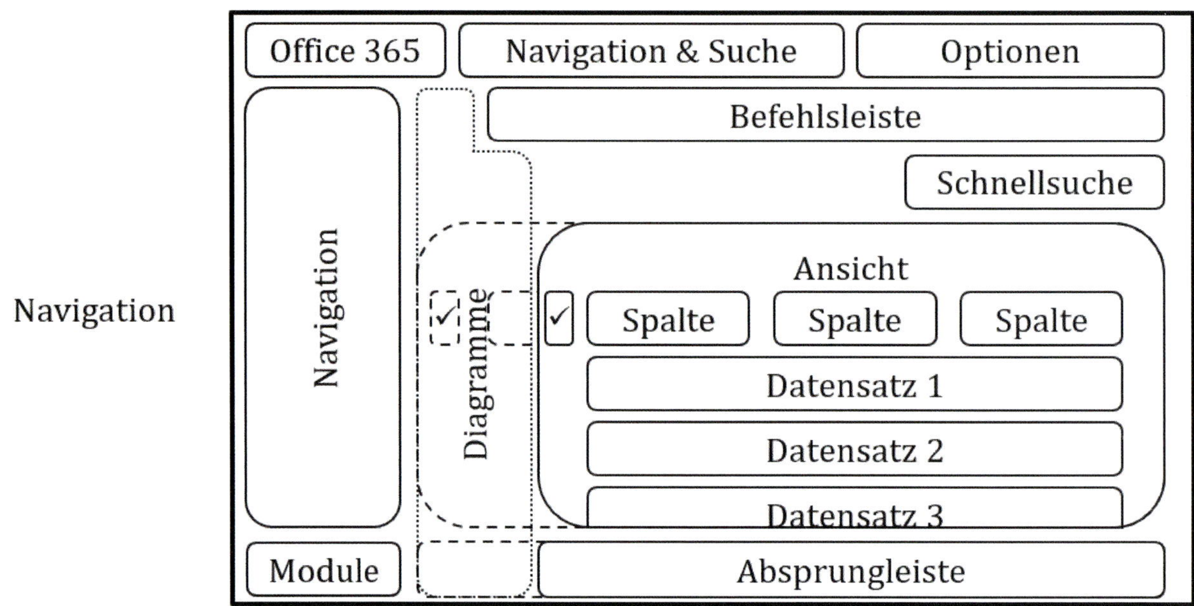

Screenshot 3: Navigation im Browser

Es hat sich im Wesentlichen also Folgendes geändert:

- Die Menü-Navigation ist von oben (teilweise) nach links gewandert. Die Brotkrumen- bzw. der Ariadne Pfad ist teilweise noch oben enthalten, aber nur bis zum Aufruf der Ansichten und nicht mehr für Datensätze
- Die Diagramme sind von der rechten Seite links neben die Ansicht gewechselt. Dort wird sie aber auch nur angezeigt, wenn sie aufgerufen werden. Dafür wird dann der Platz der Ansicht eingeschränkt
- Die Module sind nach unten links gewandert. Das erscheint sinnvoll, bedenkt man das die meisten Mitarbeiter nicht so oft zwischen den Modulen wechseln

Diese Änderung bei der Menü-Navigation ist maßgeblich die umfangreichste Neuerung im MS CRM. Wobei Kenner des Systems damit bereits vertraut sind – Vom Launch der Software bis zur Version 2011[7] war die Navigation immer auf der linken Seite.

Kommen wir zu den Eingabemasken, welche die zweitgrößte Umstellung beinhalten, die mit den Unified Interface 2020 eingeführt wurden.

[7] Wer einen groben Überblick über die Versionen bekommen möchte, kann dies auf dieser Seite bekommen: https://www.dynamicsconsulting.de/de/blog/microsoft-dynamics-crm-geschichte

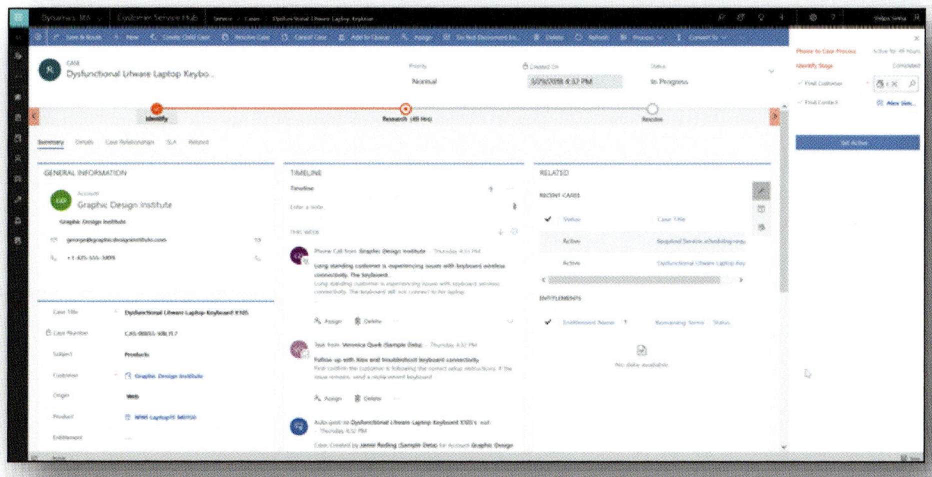

Screenshot 4: Eingabemaske in Unified Interface[8]

Die Vorteile der heutigen Eingabemasken sind:

- Je nach Bildschirmgröße oder Gerätegröße (Tablets und Smartphones) wird die Darstellung entsprechend angepasst, um das optimale Ergebnis rauszuholen
- Eingebundene Schnellansichten gliedern sich nativ in die Eingabemaske ein
- Die Zeitachse, eine Funktion zur Darstellung der Kommunikationshistorie, bietet einen einfachen Zugriff auf einzelne Details und gleichzeitig gute Übersicht über alle Informationen
- Unterraster (engl. Subgrids) bieten einen einfachen Zugriff auf Daten, inklusive derer Bearbeitungsmöglichkeit durch Sortierung und Massenbearbeitung
- Die Unterraster können durch sogenannte Card forms in der Darstellung recht umfangreich an die Wünsche der Endanwender angepasst werden
- Der Geschäftsprozessfluss (engl. Business Process Flow) gliedert sich in die Maske ein und nimmt wenig Platz weg
- Die Anordnung in den Eingabemasken folgt sehr strikt dem Visual Hierarchy-Prinzip, das vorgibt Elemente in der Reihenfolge der Wichtigkeit anzuzeigen

Die Besonderheiten der Funktionen, die in diese Oberfläche eingebettet sind, werden im nächsten Abschnitt beschrieben oder in den Tipps & Tricks aufgegriffen.

[8] Quelle: https://cloudblogs.microsoft.com/dynamics365/it/2018/04/11/unified-interface-overview/

Wichtigste Funktionen

Die wichtigsten Funktionen für die Verwendung sind, neben den Eingabemasken mit den Feldern, folgende:

- Ansichten (engl. Views)
- Geschäftsprozess (engl. Business Process Flow)
- Zeitachse (engl. Timeline Control)
- Verweise (engl. Reference Panel)
- Tabs
- Suchfelder

Die Funktionen sind jetzt nachfolgende beschrieben und, wo es möglich ist, in Kombination miteinander erklärt.

Funktion: Ansicht

Ansichten sind die mit Abstand meistgenutzte Funktion neben den Formularen (bzw. Eingabemasken, beide Begriffe sind hier synonym verwendet). Es gibt einige Funktionen, die es dem Anwender leicht machen damit zu arbeiten, nicht alle sind aber sofort ersichtlich.

Um die Ansichten zu erklären, werden nun folgende Funktionen der Ansicht im Detail erklärt:

- Filtern
- Persönliche Ansichten
- Suche nach Schlüsselwort
- Sortieren einer Ansicht
- Geänderte Ansichten

Ansicht - Filterung

Vorab ein kurzer Hinweis: Meist sind Screenshots für verschiedene Version der Oberfläche des MS CRM zusammen mit neueren Darstellungen (nach dem Unified Interface-Update) enthalten. Damit sollen sowohl Anwender der älteren Version als auch der neueren Version sich zurechtfinden. Wenn Sie als Leser bereits die neuste Version verwenden (was z. B. automatisch der Fall ist, wenn Ihr verwendetes System eine Online-Version ist), können Sie immer direkt das letzte Bild anschauen.

Zur Funktion: Die Filterung ist der Spaltenfilterung in Microsoft Office Excel sehr ähnlich. Sie dient hauptsächlich dazu, Suchergebnisse in der Ansicht einzuschränken, um nur die relevanten Informationen anzuzeigen.

Veraltete Darstellung (nur noch auf OnPrem-Systemen vorhanden):

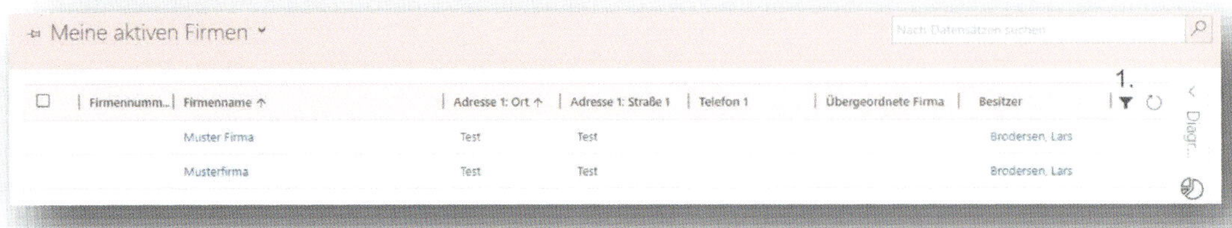

Darstellung nach dem Unified Interface-Update:

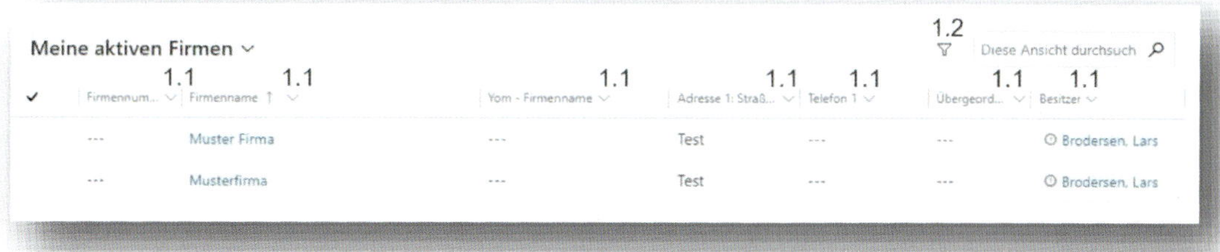

Screenshot 5: Vergleich einer Firmenansicht mit den verschiedenen Versionen der Oberflächenanpassungen

1. Die Spaltenfilterung nach der Aktualisierung:
   1.1. Jede Spalte kann sofort gefiltert werden (in der alten Version muss erst auf den Button (1.) geklickt werden), wenn man auf den kleinen Pfeil neben der Überschrift klickt
   1.2. Die Funktion der *Erweiterten Suche* ist mit in die Ansicht integriert worden (1.2). Diese bietet noch weitere, umfangreiche Filtermöglichkeiten

Darstellung bei Buchveröffentlichung (nach Oktober-Release 2022):

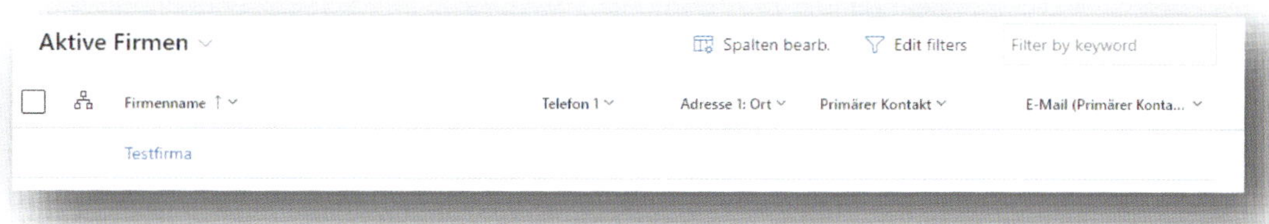

Mit der letzten Aktualisierung hat sich die Oberfläche noch einmal stark geändert, ist in ihren Funktionen nach dem vorherigen Update allerdings gleichgeblieben.

Ansicht - Persönliche Ansichten

2. Gleiches gilt für die Erstellung von *Persönlichen Ansichten*
   2.1. Mit der Funktion *Ansicht erstellen* können schnell *Persönliche Ansichten* erzeugt werden
   2.2. Diese werden, anders als in der alten Darstellung, nun prominent oben bei der Auswahl der Ansichten dargestellt.

Alte Darstellung, ohne die Möglichkeit der Erstellung:

Wie man sehen kann, gibt es unter den drei Punkten keine Option eine Persönliche Ansicht anzulegen.

Darstellung seit dem Unified Interface, nun mit der Möglichkeit der Anlage (2.1):

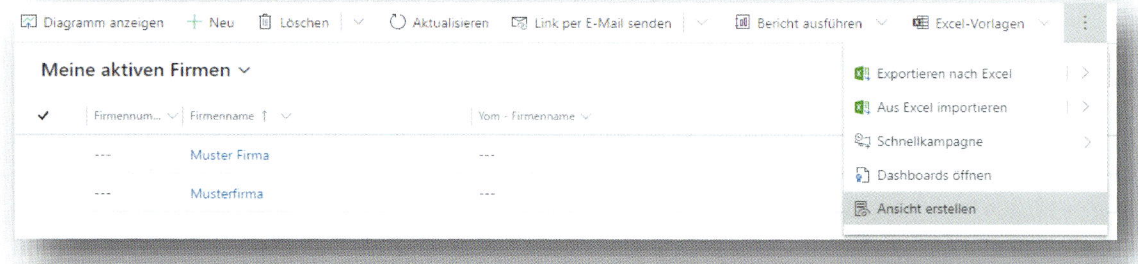

Screenshot 6: *Aufnahme der Funktion zur Erstellung von Persönlichen Ansichten in die Befehlszeile*

2.2 Während die *Persönlichen Ansichten* früher am unteren Ende der Leiste, nach dem Systemansichten, verfügbar waren (der folgende, linke Screenshot), wurden sie später gleich oben über den Systemansichten auswählbar (der folgende, rechte Screenshot).

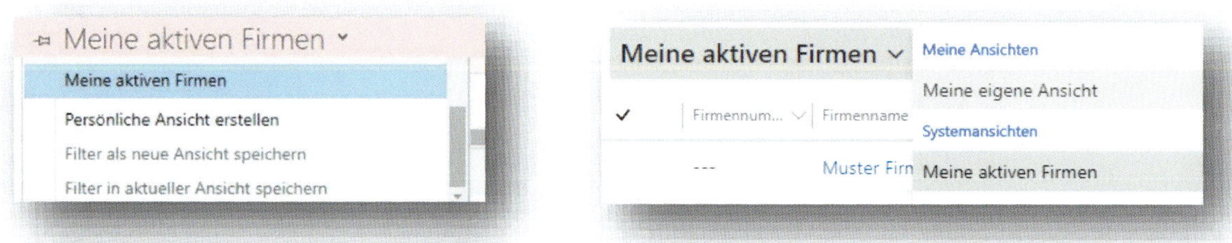

Screenshot 7: *Darstellung der Persönlichen Ansichten in der Auswahl der verfügbaren Ansichten*

Auch dies wurde bereits wieder geändert. In der neusten Version werden Persönliche Ansichten weiterhin oberhalb der Systemansichten angezeigt, allerdings nicht mehr durch eine Überschrift gruppiert, sondern mit einem Symbol markiert.

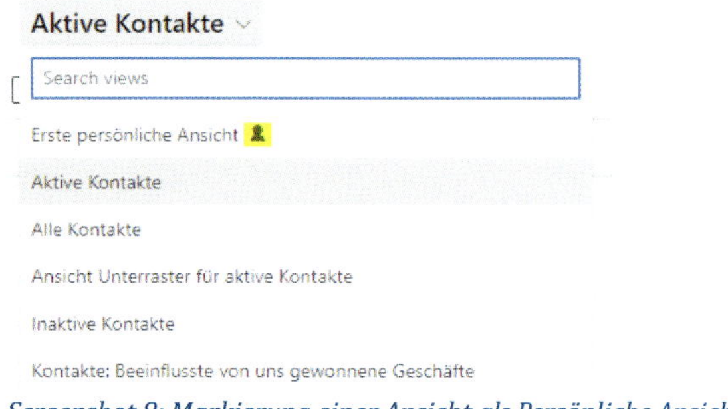

Screenshot 8: *Markierung einer Ansicht als Persönliche Ansicht*

Um eine Persönliche Ansicht anzulegen, muss erst der dafür notwendige Button freigeschaltet werden. Die Details dafür sind im Abschnitt *Ansicht anpassen & Persönliche Ansicht erstellen* (zu finden im Kapitel Einzeltipps → Analytisches CRM) beschrieben. Das Verwalten von (Persönlichen) Ansichten ist im Abschnitt *Gewusst wie: Verwalten von Ansichten* (zu finden im Kapitel Serientipps → Gewusst wie: Personalisieren des CRM-Systems) beschrieben.

Ansicht - Suche nach Schlüsselwort

3. Eine sehr signifikante letzte Änderung für die Anwendung ist die Art der Schnellsuche, die in der alten Darstellung oft zu Verwirrung geführt hat.

Alte Darstellung:

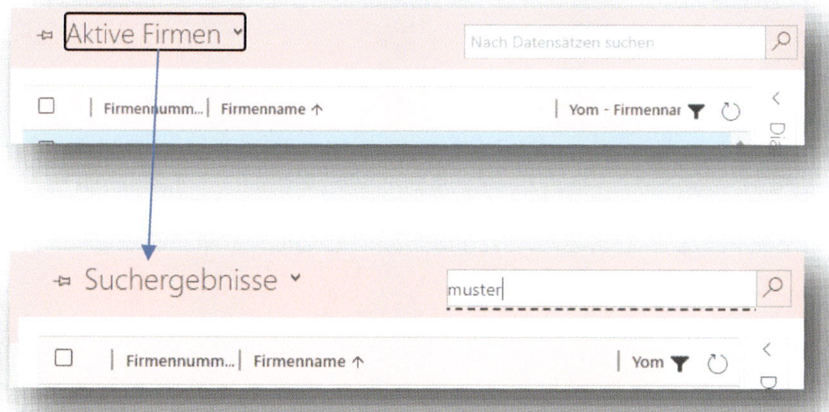

Neue Darstellung:

Screenshot 9: Vergleich der Schnellsuche in der alten und neuen Darstellung

Vergleicht man die beiden Screenshots oben, ist fast kein Unterschied erkennbar. In der alten Darstellung scheint sich lediglich der Name der Ansicht zu ändern.

Die Änderung ist allerdings wichtig und folgendes wurde geändert: Während in der alten Darstellung eine <u>neue Ansicht</u> (Suchergebnisse) aufgerufen wurde, wird nun <u>dieselbe Ansicht</u> (Aktive Firmen) verwendet und nur gefiltert, und zwar anhand der Suchspalten. In der alten Darstellung kam es oft zu Verwirrung bei den Anwendern, wenn z. B. sie Suchergebnisse-Ansicht nicht exakt dieselben Spalten aufwies (wie z. B. die Ansicht Aktive Firmen) oder zusätzliche Filter eingestellt waren – oft wurde das als Fehler interpretiert. Durch die Umstellung ist die Anwendung jetzt konsistent, weil die Anzeigespalten und die Filter gleich sind.

Ansicht - Sortieren einer Ansicht

Dies ist mehr oder weniger eine der einfachsten Funktionen im MS CRM und daher schnell erklärt. Neben jeder Spaltenüberschrift befindet sich ein kleiner Pfeil worunter sich drei Optionen verbergen.

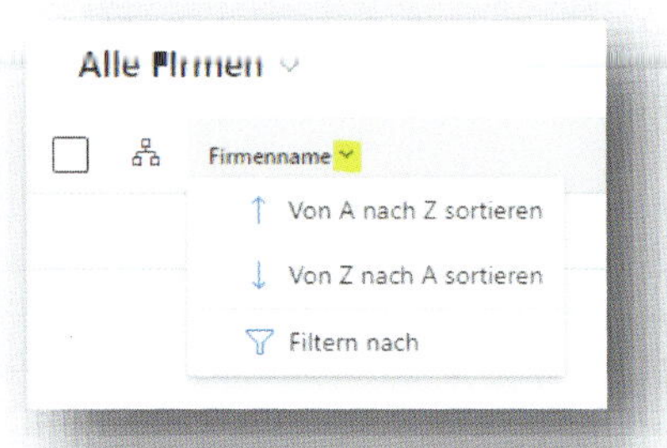

Screenshot 10: Sortieren einer Spalte in einer Ansicht

Dabei stellen die ersten beiden Funktionen die eigentliche **Sortierung** dar. Bei Klick auf Filtern nach wird die Funktion **Filterung** angerufen.

Obwohl die Sortierung als grundlegende Funktion selbst recht schnell erklärt ist, gibt es hier mehr Hinweise im Buch zu versteckten Funktionen. Eine davon (Was passiert, wenn die Sortierung geändert wird?) ist im folgenden Abschnitt (*Ansicht - Geänderte Ansichten*) erklärt. Eine weitere wird bei den Einzeltipps für das Operative CRM (im Abschnitt *Sortieren mehrerer Spalten*) beschrieben.

Ansicht - Geänderte Ansichten

Mit der weiteren Verbesserung des Systems kam später noch ein Funktionsdetail dazu. Wenn die Ansicht in ihrer ursprünglichen Einstellung vom Anwender verändert wird, wird der Name der Ansicht um einen Asterisk erweitert (nur für den angemeldeten Anwender selbst, nicht für alle Systemanwender) um darauf hinzuweisen.

Neuste Darstellung:

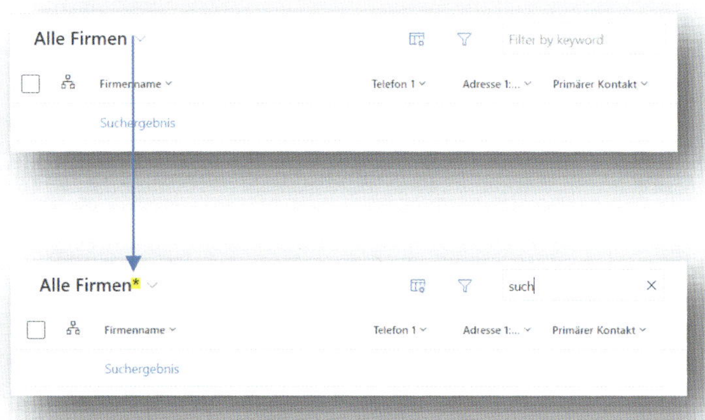

Screenshot 11: Vergleich Systemansicht allein mit Systemansicht nach Aktualisierung durch den Anwender

In den beispielhaften Screenshots oben wurde die Änderung durch eine **Suche nach Schlüsselwort** erzeugt. Jede Änderung an einer Ansicht, z. B. eine neue Sortierung, bewirkt aber das Gleiche. Hier einmal als Übersicht:

Funktions-vergleiche	**Vorher**	**Nachher**
Spalten bearbeiten	Alle Firmen · Filter by keyword · Firmenname · Telefon 1 · Adresse 1: · Suchergebnis	Alle Firmen* · Filter by keyword · Firmenname · E-Mail · Telefon 1 · Adresse 1:... · Suchergebnis

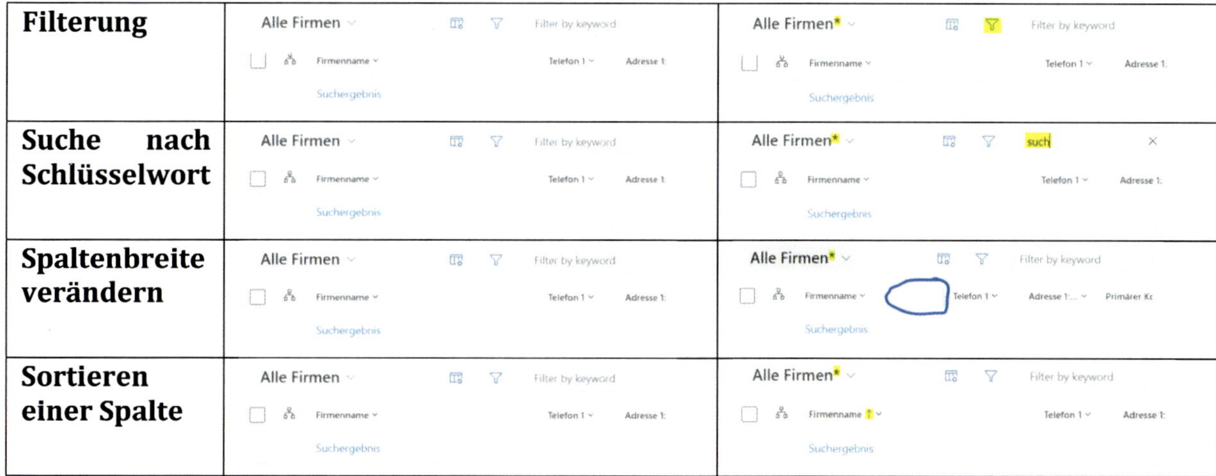

Filterung		
Suche nach Schlüsselwort		
Spaltenbreite verändern		
Sortieren einer Spalte		

Es gibt allerdings auch eine Besonderheit.

Wenn in einer Ansicht, hier die Ansicht *Alle Firmen*, über die Sortierfunktion ein Filter für die Spalte eingestellt wird, wird der Name der Spalte um den Asterisk erweitert <u>und</u> neben der Spaltenüberschrift das Filtersymbol angezeigt.

Screenshot 12: Markierung von Ansicht und Spaltenüberschrift bei Nutzung der Sortierfunktion

Wenn dieselbe Änderung lediglich über die Funktion zur Filtereinstellung vorgenommen wird, sieht das Ergebnis anders aus.

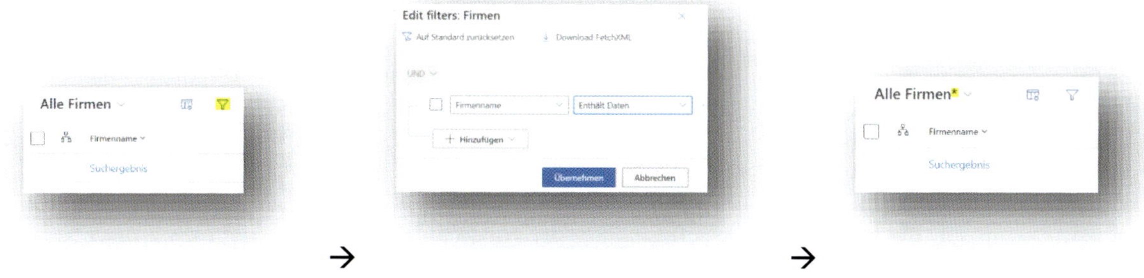

Screenshot 13: Markierung von Ansicht (und ohne Spaltenüberschrift) bei Nutzung der Filterfunktion

Funktion: Geschäftsprozessfluss

Der Geschäftsprozess leitet die Anwender durch die Kundenbetreuung und ist so etwas wie der rote Faden in der operativen Arbeit:

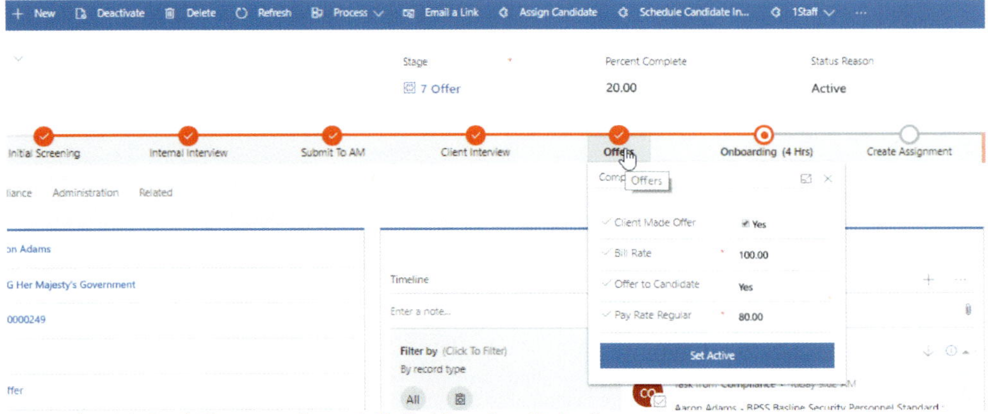

Screenshot 14: Geschäftsprozessfluss mit Unified Interface-Update[9]

Die Phasen des Prozesses waren früher standardmäßig ausgeklappt. Neuerdings müssen die Phasen erst von Anwender ausgeklappt werden, um die jeweiligen Felder zu sehen. Anwender, die damit nicht vertraut sind, vergessen manchmal die Phasen zu öffnen. So werden zwar die Felder im Formular vom Anwender ausgefüllt, aber der Prozess wird zeitgleich nicht fortgeführt, was manchmal zu Irritationen führt.

Zum Vergleich: So sah der Geschäftsprozessfluss vorher aus:

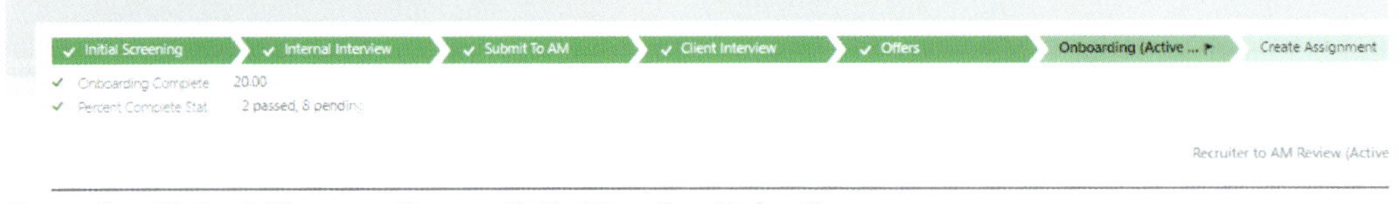

Screenshot 15: Geschäftsprozessfluss vor Unified Interface-Update[10]

Noch etwas Wichtiges zum Hintergrund dieser Funktion:
Wenn Mitarbeiter neu in ein Unternehmen kommen, stehen sie meist vor zwei Herausforderungen. Sie müssen die Software neu lernen und sie müssen lernen wie die Geschäftsprozesse im Unternehmen ablaufen.

Die Funktion Geschäftsprozessfluss hat zum Ziel, dass neue Mitarbeiter zwar den Umgang mit der neuen Software lernen müssen, die Software sie aber durch den existierenden Geschäftsprozess der jeweiligen Abteilung durchleitet und sie diesen nicht parallel lernen müssen.

Bei der Konzeption des Geschäftsprozessflusses sollte deshalb darauf geachtet werden, dass der Prozess von neuen Anwendern ohne zusätzliche Erklärungen angewendet werden kann. Das lässt sich erreichen durch:

- Verständliche Feldnamen unter Vermeidung von Abkürzungen (wenn möglich)
- Feldbeschreibungstext sollte nicht den Feldnamen erneut erklären, sondern ein Beispiel enthalten
- Der Prozess sollte logisch aufgebaut und die Phasenbeschreibung hilfreich sein

---

9 Quelle: https://go1staff.com/microsoft-dynamics-365-unified-interface/

10 Ebda.

Funktion: Zeitachse

Die Zeitachse ist ein zentrales Element in den meisten Eingabeformularen und sieht folgendermaßen aus:

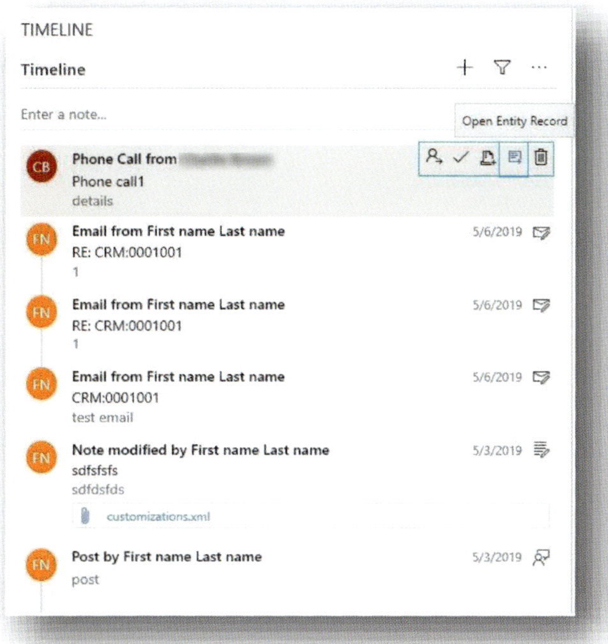

Screenshot 16: Zeitachse mit Funktion zur Öffnung eines Datensatzes[11]

Sie bietet, wie oben zu sehen, eine leichte Möglichkeit die angezeigten Datensätze direkt zu öffnen.

Weitere Funktionen der Zeitachse sind:

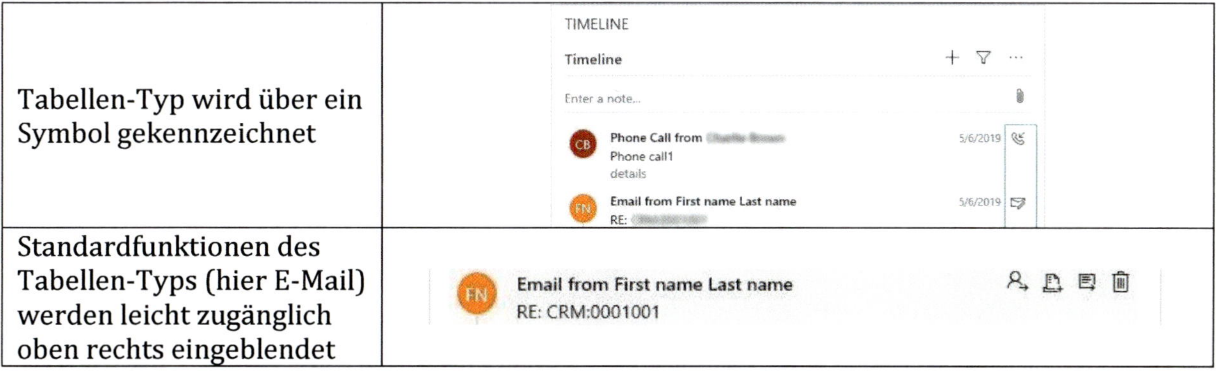

Tabellen-Typ wird über ein Symbol gekennzeichnet	TIMELINE Timeline Enter a note... Phone Call from Phone call1 details 5/6/2019 Email from First name Last name RE: 5/6/2019
Standardfunktionen des Tabellen-Typs (hier E-Mail) werden leicht zugänglich oben rechts eingeblendet	Email from First name Last name RE: CRM:0001001

Die Zeitachse ersetzt die Kombination aus Social Pane und Activity Feed (die englischen Bezeichnungen fanden im Deutschen keine wirklich guten Übersetzungen) - Das Ziel von Microsoft ist, dass die Verwaltung von Aktivitäten schneller möglich ist und dynamischer angezeigt wird als es vorher der Fall war.

[11] Quelle: https://docs.microsoft.com/de-de/power-platform-release-plan/2019wave2/microsoft-powerapps/timeline-wall-improvements-unified-interface

Funktion: Referenztafel

Mithilfe dieser Funktion können Apps und Ansichten eingeblendet werden, die zur Arbeitserleichterung vorgesehen sind, aber nicht in einem extra Browserfenster einblendet werden sollen. Sie sind kontextbezogen und referenzieren auf den jeweiligen Datensatz, der gerade geöffnet ist.

Bevor es diese Funktion gab, wurden in den Eingabemasken sogenannte Unterraster (engl. Subgrids) eingefügt, um Verweise anzuzeigen. Beispiel: Alle Verkaufschancen die einer Firma zugeordnet sind. Diese neue Funktion Referenzpanel ist noch kaum bekannt, daher nutzen die meisten Firmen noch die Unterraster.

Die Funktion kann eine ähnliche Funktionalität wie ein Unterraster bieten, allerdings komprimiert mit der Möglichkeit sie auszuklappen.

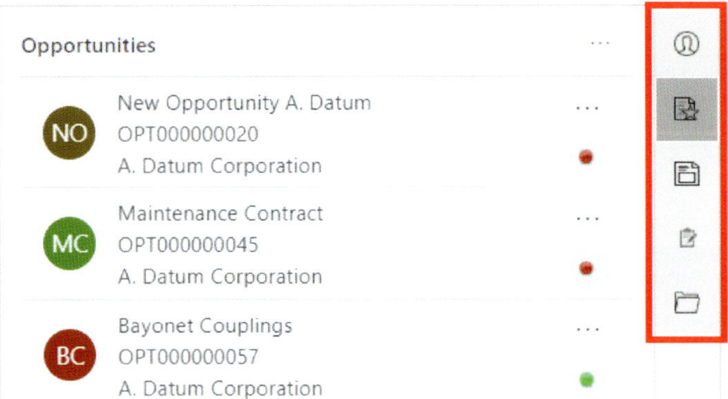

Screenshot 17: Referenztafel - hier am Beispiel von Verkaufschancen die einer Firma zugeordnet sind[12]

Im folgenden Beispiel ist zum Vergleich ein Unterraster zu sehen.

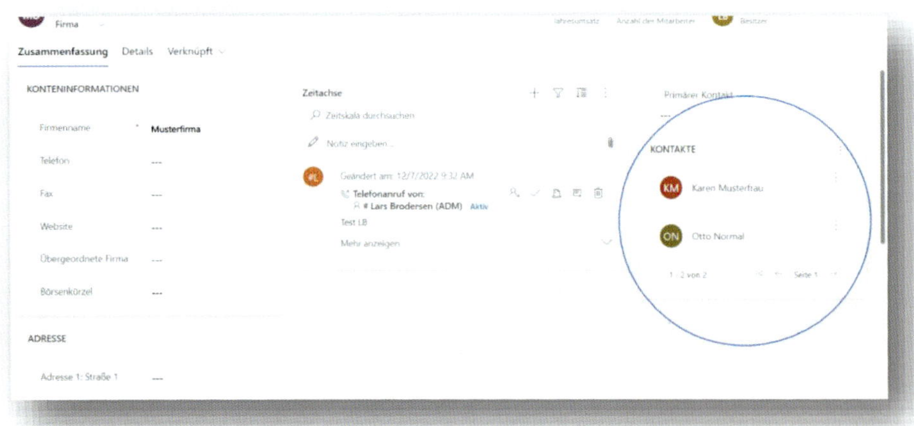

Screenshot 18: Unterraster in einem Formular

Pro Eingabemaske kann die Funktion Referenztafel nur einmal genutzt werden, es ist allerdings zu erwarten, dass sich die Referenztafel weiter durchsetzen werden, weil sie mehrere Unterraster ersetzen und in einem kombinieren kann.

---

12 Quelle: https://community.dynamics.com/365/b/dynamics-365-goddess/posts/dynamics-365-reference-panel

Funktion: Tabs

Die Tabs unterteilen die Eingabemasken in verschiedene Bereiche. Im folgenden Beispiel werden „Details" und „Bing Maps" angezeigt.

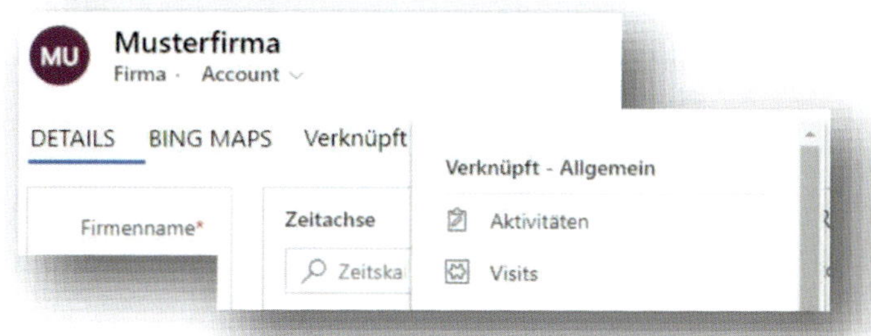

Screenshot 19: Tabs in einer Eingabemaske

Der Vorteil von Tabs: Beim ersten Öffnen eines Datensatzes werden nur die Informationen geladen, die auf dem Tab „Details" sind. Erst wenn ein Anwender auf das Tab Bing Maps klickt, werden dessen Inhalte geladen. Das spart Ressourcen und macht die Anzeige schneller.

Jetzt hat aber nicht jedes Unternehmen nur diese beiden Tabs – in Kombination mit dem Geschäftsprozessfluss führt es dazu, dass genau aufgepasst werden muss welche Felder wo angezeigt werden. Ist z. B. ein Feld auf dem zweiten oder dritten Tab enthalten und dort als Pflichtfeld festgelegt, wird aber im Geschäftsprozessfluss verwendet, kann es dazu führen, dass die Anwendung nicht richtig funktioniert.

Funktion: Suchfelder

Zur Verwendung der Suchfelder gibt es im Kapitel *Einzeltipps - Operatives CRM* den Unterabschnitt *Passende Daten in einem Suchfeld finden*, wo die Details zur Verwendung beschrieben sind. Vorab soll hier aber erklärt werden, was sich an dieser Stelle bisher getan hat und wie die Funktion aktuell verwendet werden kann.

Wurde (bis Version 9) das Suchfeld zum Finden z. B. einer Firma verwendet, wurde das Suchergebnis in einem Wizard zusammen mit mehreren Spalten angezeigt.

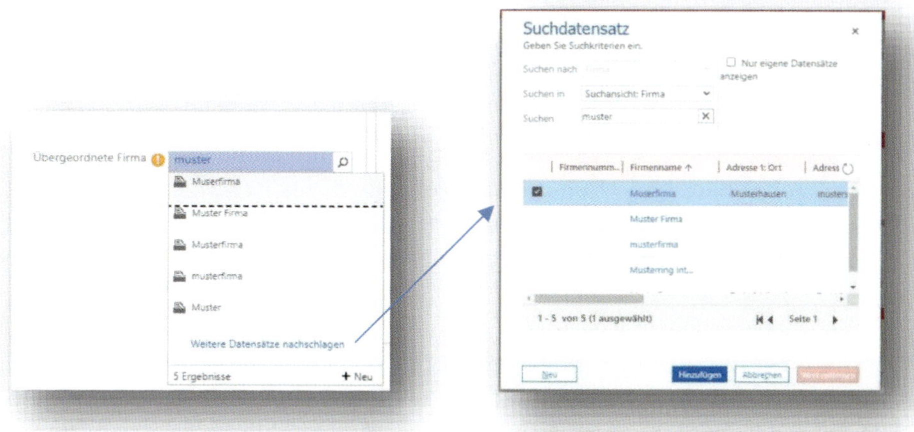

Screenshot 20: Ergebnisse in einem Suchfeld im Legacy Interface (bis Version 9)

Das hat die Ergebnisübersicht erleichtert - Gab es z. B. mehrere Firmen mit dem gleichen Namen, wurden diese in einer Ansicht mit mehreren Spalten dargestellt. Seit Unified Interface (also Oktober 2020) werden nur noch die Ergebnisse mit jeweils maximal zwei Zusatzinformationen angezeigt. Wenn diese beiden Anzeigefelder ungünstig festgelegt wurden, macht sich das unmittelbar bemerkbar.

So sehen Ergebnisse in einem Suchfeld in der neusten Version aus, wenn man (unten im Screenshot) nach dem Wort „muster“ sucht und dann entsprechend Ergebnisse (über dem Suchfeld) angezeigt bekommt.

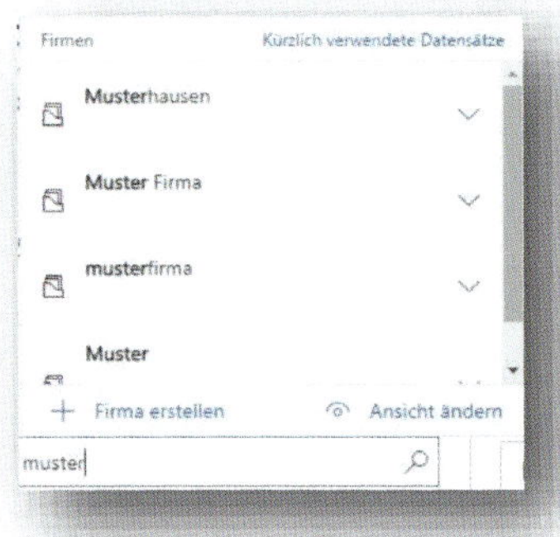

Screenshot 21: Ergebnisse in einem Suchfeld

Die Ergebnisse hängen außerdem davon ab, welche Suchspalten vom Administrator eingestellt wurden. Sind zu wenig festgelegt, stimmen die Ergebnisse nicht. Sind zu viele festgelegt, wird das System langsamer, weil die Suche Performance-lastig ist.

Ob die Anwender das Suchfeld also gut nutzen können, hängt stark davon ab ob die Konzeption sämtliche Funktion detailliert einbezogen hat:

- Drei Anzeigespalten für die Ergebnisse (z. B. Firmenname, Firmennummer und Ort)
- Die richtige Festlegung der Suchspalten (z. B. Firmenname, Firmennummer, Ort, PLZ, E-Mail)[13]
- Filteroptionen (z. B. *Nur meine Datensätze* Oder *Ansicht ändern*)

Funktion: Moderne Erweiterte Suche

Die **Erweiterte Suche** wurde im Oktober 2022 mit der Release Wave 2 einer grundlegenden Aktualisierung unterzogen. Diese hatte sich bereits einige Zeit vorher angekündigt und wurde in Teilen bereits vorher vollzogen, weshalb es viele Artikel und Berichte zu den **Erweiterten Filtern** (engl. Advanced Filters) gibt.

Die Funktionalität der **Erweiterten Suche** ist, wenn man auf den technischen Hintergrund schaut, im Wesentlichen gleichgeblieben. Lediglich die Darstellung in der Benutzeroberfläche wurde geändert. Tipp: Für Anwender des Microsoft Dynamics CRM mit der „alten“ Erweiterten Suche gibt es im Abschnitt *Details in der Erweiterten Suche (alte Version) aktivieren* noch Tipps & Tricks zur Anwendung.

Um zu prüfen ob die Moderne Erweiterte Suche eingeschaltet ist, genügt ein Blick in die Navigationszeile. Wenn das Symbol für die **Erweiterte Suche** (veraltet) verschwunden ist, ist die **Moderne Erweiterte Suche** aktiviert.

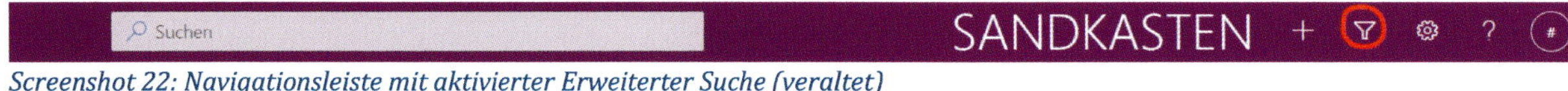

Screenshot 22: Navigationsleiste mit aktivierter Erweiterter Suche (veraltet)

[13] Es sollten nicht zu viele sein, weil sonst die Performance leidet.

Screenshot 23: Navigationsleiste mit der aktivierten Modernen Erweiterten Suche

Um die Funktionsweise der **Modernen Erweiterte Suche** zu erklären, kann man sie nicht einzeln betrachten. Sie ist im Grunde eine Tür zu anderen Funktionen: Einerseits ist sie eng verknüpft mit den Funktionen **Erweiterte Suche** und **Filtern in Ansicht** (näher beschrieben im Abschnitt (*Gewusst wie: Die verschiedenen Arten der Suche* bei den Serientipps im Kapitel *Gewusst wie: Suche*)), aber auch anderen Funktionen die nicht in diesem Abschnitt sondern bei der Funktionsbeschreibung vertieft werden sollen.

Abschließendes zum Kapitel *Wichtigste Funktionen*:

Die am meisten verwendeten Funktionen im Microsoft Dynamics CRM wurden zuerst einmal kurz beschrieben. Hier noch einmal eine kurze Übersicht inklusive Kurzerklärung:

Funktion	**Unterfunktion**	**Kurzerklärung**
Ansichten (eng. View)	Filterung (engl. Filtering)	Einschränkung der Daten die in einer Ansicht angezeigt werden, um nur relevante Informationen anzuzeigen.
	Persönliche Ansichten (engl. Personal View)	Eine Ansicht die Anwender für sich selbst erstellen können. Sie können diese mit anderen Anwendern teilen.
	Suche nach Schlüsselwort (engl. Filter by Keyword)	Eine intuitive Suche, um schnell zu Datensätzen zu gelangen.
	Sortieren einer Ansicht (engl. Sorting)	
	Geänderte Ansichten (engl. Changed view)	
Geschäftsprozessfluss (engl. Business Process Flow)		Eine operative Prozessunterstützung bei der Bearbeitung von Datensätzen für den Kaufabschluss oder die Anfragenbearbeitung.
Zeitachse (engl. Timeline)		Eine Konsolidierung aller Interaktionen über versch. Kommunikationskanäle hinweg.
Referenztafel (engl. Reference Panel)		Eine komprimierte Darstellung von Daten, die auf den offenen Datensatz (z. B. Firma) verweisen (z. B. Verkaufschancen).
Tabs (engl. Tabs)		Eine Aufteilung von Eingabemasken durch eine Gliederung von Informationsblöcken.
Suchfelder (engl. Lookup field)		Ein Feld, um Bezüge zu anderen Datensätzen herzustellen, dass über eine Suchfunktion verfügt.
Moderne Erweiterte Suche (engl. Modern Advanced Find)		Eine übergreifende Suche mit Verlinkungen zu versch. weiteren Suchfunktionen.

Mehr Details zu den Funktionen gibt es bei den vielen Tipps in diesem Buch.

Der mobile Arbeiter

Das Erlernen des Umgangs mit dem Microsoft Dynamics CRM ist recht intuitiv und in Teilen sogar selbsterklärend. Die Grundlagen wurden in den vorherigen Abschnitten beschrieben und sind auf den Microsoft-Webseiten zusätzlich dokumentiert.

Für Anwender, die diese Details trotzdem nachschlagen möchten, bietet Microsoft auf folgenden Seiten Informationsmaterial:

Übergeordnete Hilfeseite: https://learn.microsoft.com/de-de/dynamics365/
Für das Vertriebsmodul: https://learn.microsoft.com/de-de/dynamics365/sales/user-guide
Für das Marketingmodul: https://learn.microsoft.com/de-de/dynamics365/marketing/help-hub

Zu den einzelnen CRM-Funktionen wird auf den nächsten 100 Seiten ausführlich alles an Details behandelt, es gibt vorab aber noch den Aspekt des mobilen Arbeitens der vorher behandelt werden soll.

In den letzten Jahren hat die mobile Verwendungsfähigkeit deutlich an Bedeutung gewonnen und gestaltet sich als Herausforderung, da die Anwender das Dynamics CRM auch über unterschiedliche Benutzeroberflächen verwenden können bzw. müssen. Deshalb soll im Folgenden auf diesen Aspekt und die damit einhergehenden Möglichkeiten und Herausforderungen, mit Bezug zu Eingabemasken und Feldern, eingegangen werden.

In den vorherigen Abschnitten wurden bereits die Navigation und Funktionen im Dynamics CRM vorgestellt und ein verallgemeinertes Schaubild beschrieben. Dieses wird nun aufgegriffen und, ebenso abstrakt, versucht darzustellen, welche Unterschiede es bei der Verwendung des Dynamics CRM zwischen dem Zugriff mittels eines Browsers sowie einer App auf einem Tablet und einem Smartphone gibt. Das folgende Schaubild (siehe Abb. 2) stellt eine generische Skizze einer Eingabemaske mit Feldern dar.

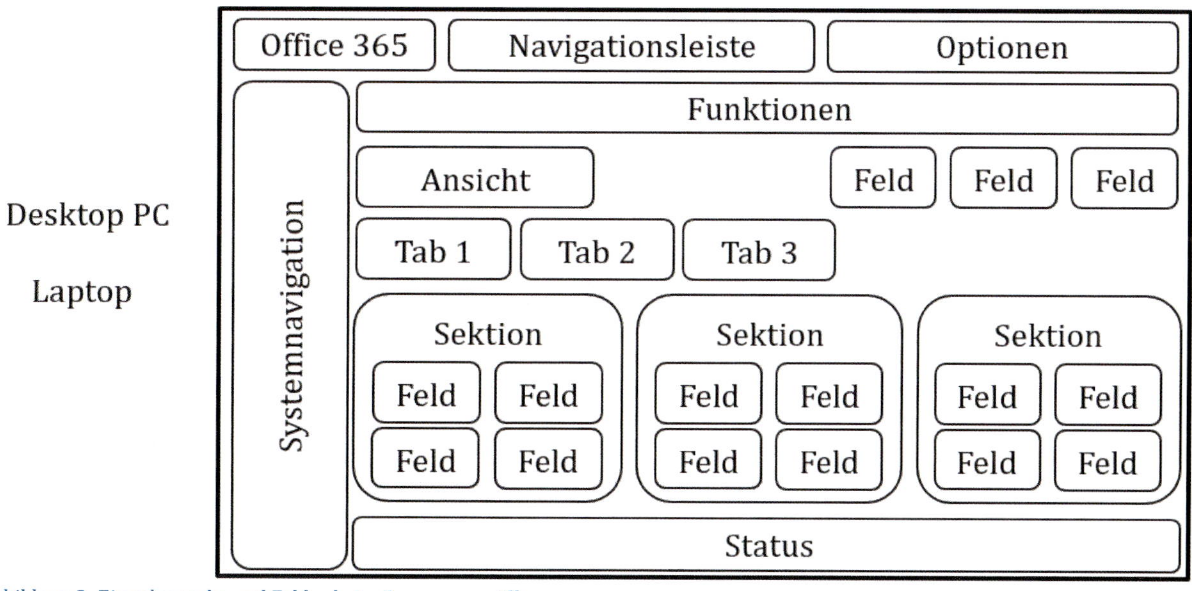

Abbildung 2: Eingabemaske und Felder beim Browserzugriff

Auf einem kleineren Bildschirm sieht die Darstellung (z. B. auf einem Tablet) mittels einer App meist (in Abhängigkeit vom Anbieter des Gerätes) folgendermaßen aus:

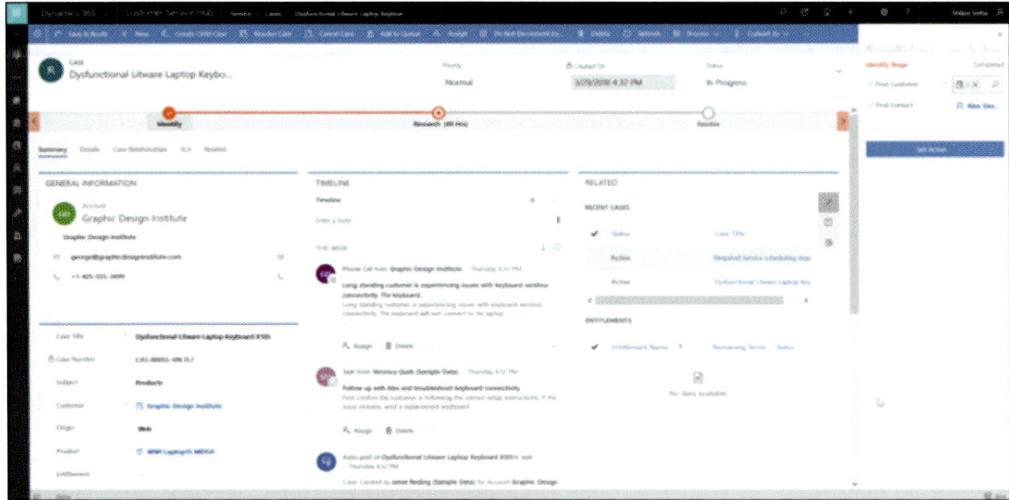

Abbildung 3: Eingabemaske und Felder auf einem Tablet

Im Browser und auf dem Tablet sieht die Oberfläche also nahezu identisch aus. Wie war das vor dem letzten größeren Update?

Die Unterschiede waren sehr deutlich:

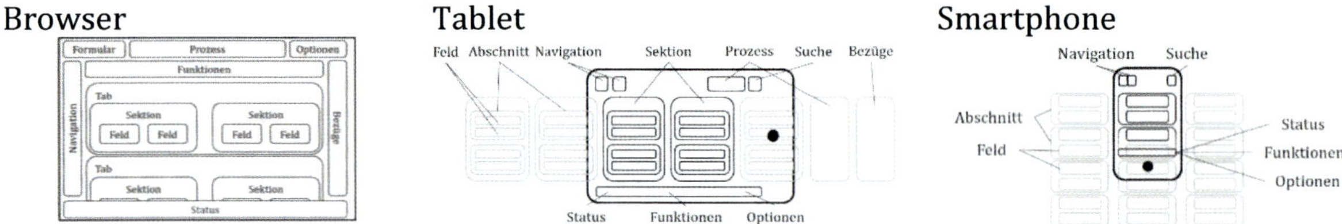

Screenshot 24: Vergleich der Oberflächen zw. Browser, Tablet und Smartphone vor Unified Interface

Die Idee war: Je mehr planerische Tätigkeiten ein Anwender hat, desto eher empfiehlt sich der Zugriff über den Browser. Je mehr Kundenbesuche oder mobile Tätigkeiten mit Einschränkungen auf das Internet die tägliche Arbeit ausmachen, desto eher empfiehlt sich der Zugriff über die App (die auch eine Offline-Funktion hat). Es wurde also stark nach den Rollen von Mitarbeitern unterschieden. Je eher sie z. B. Key Accounter waren und vorzugsweise planen mussten, desto höher die Wahrscheinlichkeit das sie im Browser arbeiten. Je eher sie ein Außendienstmitarbeiter oder Fachberater waren, desto weniger, dafür gezieltere Informationen sollten bereitgestellt werden.

Dieses Konzept ist nun überholt worden, und die Darstellung auf allen Geräten ist nahezu identisch. Zumindest soweit es die unterschiedlichen Bildschirmgrößen zulassen.

So sieht es vergleichsweise heute aus:

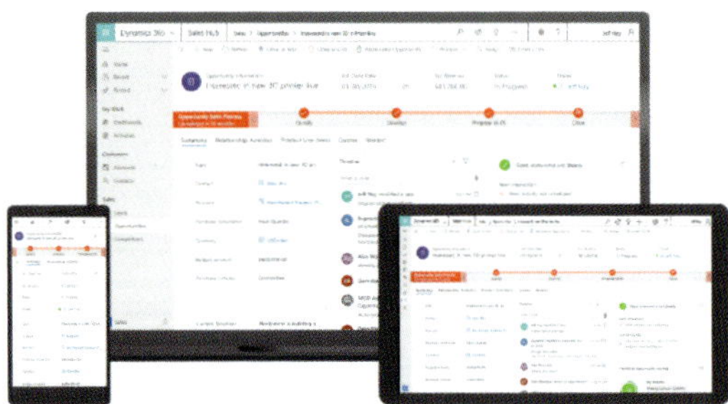

Screenshot 25: Vergleich der CRM-Oberfläche seit Unified Interface zw. Browser, Tablet und Smartphone[14]

---

[14] Quelle: https://www.allmysystems.co.uk/how-to-move-to-microsoft-dynamics-365-unified-interface/

Auch hinsichtlich der Felder gibt es spürbare Unterschiede in der Anwendung. Die folgende Darstellung soll ein Beispiel liefern, welche Unterschiede es zwischen dem Browserzugriff und der mobilen Verwendung gab und auch zukünftig noch gibt.

Tabelle 1: Mobile Darstellung von Feldtypen

Feldtypen	**Klassischer Browserzugriff**	**Zugriff über App**
Währungsfeld	 €30,000.00	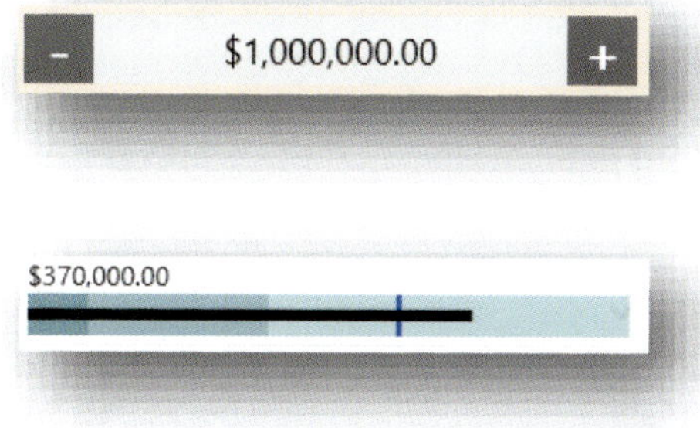 - $1,000,000.00 + $370,000.00
Zahlenfeld	 10.00000	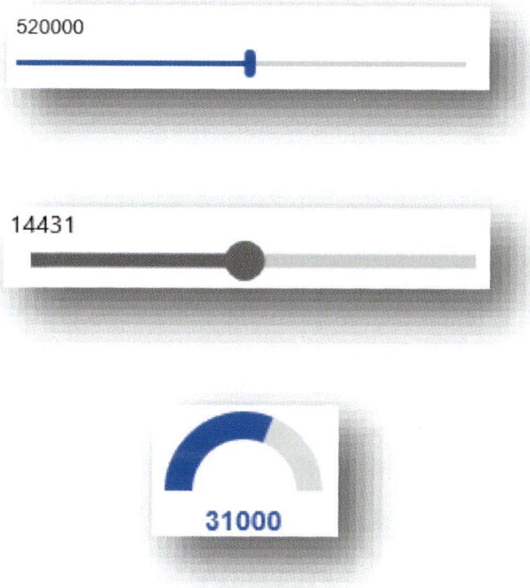 520000 14431 31000
Optionsfeld (Zwei Optionen)		
Optionsfeld (Mehrere Optionen)	 Any Email Phone Fax	 Direct Indirect Unknown

Quelle: Lars Brodersen

Aufgabe der Systemadministratoren ist es daher, sämtliche Anpassungen so zu gestalten, dass die Anforderung der Fachabteilung erfüllt aber auch die Arbeitssituation (z. B. stationär im Büro oder mobil im Zug) berücksichtigt wird.

Die Berechtigungsmöglichkeiten

Das Berechtigungskonzept im Microsoft Dynamics CRM basiert hauptsächlich auf Sicherheitsrollen und legt fest, wie verschiedene Anwender Zugriff auf unterschiedliche Daten haben. Dafür können Anwender mehrere Sicherheitsrollen haben, die kumulativ sind und sich ergänzen.

Um die Funktionsweise von Sicherheitsrollen zu verstehen, ist es hilfreich, die Unterscheidung zwischen datensatzbasierten Privilegien und aufgabenbasierten Privilegien zu verstehen.

Datensatzbasierte Privilegien sind Folgende:

Tabelle 2: Datensatzbasierte Privilegien

Datensätze	Datensatzbasierte Privilegien							
	Erstellen	Lesen	Ändern	Löschen	Anhängen[15]	Anhängen an[16]	Zuweisen	Teilen
Firmen								
Kontakte								

Quelle: Lars Brodersen

Beispiele für aufgabenbasierte Privilegien:

Tabelle 3: Aufgabenbasierte Privilegien

Aufgabenbasierte Privilegien	
Massenlöschung	Privileg: Ja/Nein
Massenbearbeitung	Privileg: Ja/Nein
Excel-Export	Privileg: Ja/Nein

Quelle: Lars Brodersen

Wie sähe nun ein praktisches Beispiel für einen Anwender aus?

Tabelle 4: Anwenderbeispiel für Datensatz- und Aufgabenbasierte Privilegien

Datensätze	Datensatzbasierte Privilegien							
	Erstellen	Lesen	Ändern	Löschen	Anhängen	Anhängen an	Zuweisen	Teilen
Firmen	X	X	X	X	X			
Kontakte		X				X		

Aufgabenbasierte Privilegien	
Massenlöschung	Privileg: Nein
Massenbearbeitung	Privileg: Ja
Excel-Export	Privileg: Ja

Quelle: Lars Brodersen

Datensatzbasierte Privilegien – Beispiel: Mit den Einstellungen aus dem Beispiel könnte der Anwender Firmen erstellen, einsehen und Änderungen daran vornehmen sowie Kontaktdatensätze sehen und diese, wenn sie von einem anderen Anwender verwaltet werden, an die eigene Firma anhängen.

---

[15] *Anhängen* bedeutet, dass ein anderer Datensatz an den Originären angehängt werden kann. Z. B. kann so ein Kontakt an die eigens verwaltete Firma angehängt werden.

[16] *Anhängen an* bedeutet, dass der originäre Datensatz an einen anderen angehängt werden kann. Z. B. kann man so einen Kontakt, den man selbst verwaltet, an die Firma anhängen, die von jemand anderem verwaltet wird.

Aufgabenbasierte Privilegien – Beispiel: Gleichzeitig kann der Anwender bei dem Beispiel mehrere seiner verwalteten Firmen zugleich bearbeiten, sie aber nicht alle zusammen, sondern nur einzeln löschen. Ein Excel-Export wäre für Firmen und Kontakte, die einsehbar sind, möglich.

Das Zugangslevel, eine weitere Detaillierung, definiert, wie hoch oder tief die Privilegien reichen. Dabei wird zwischen fünf verschiedenen Detailstufen unterschieden:

Tabelle 5: Zugangslevel

Global	Tief	Lokal	Basis	Keine
Der Anwender kann die Daten der gesamten Organisation sehen.	Der Anwender kann die Daten seiner Abteilung sowie aller darunterliegenden Einheiten sehen.	Der Anwender kann die Daten seiner Abteilung sehen.	Der Anwender kann nur die von ihm selbst verwalteten Daten sehen.	Der Anwender sieht keine Daten.

Quelle: Lars Brodersen

Um dieses Konstrukt besser nachvollziehen zu können, wird im Folgenden ein kurzes Beispiel formuliert. Vorher soll aber ein Schaubild die Orientierung vereinfachen.

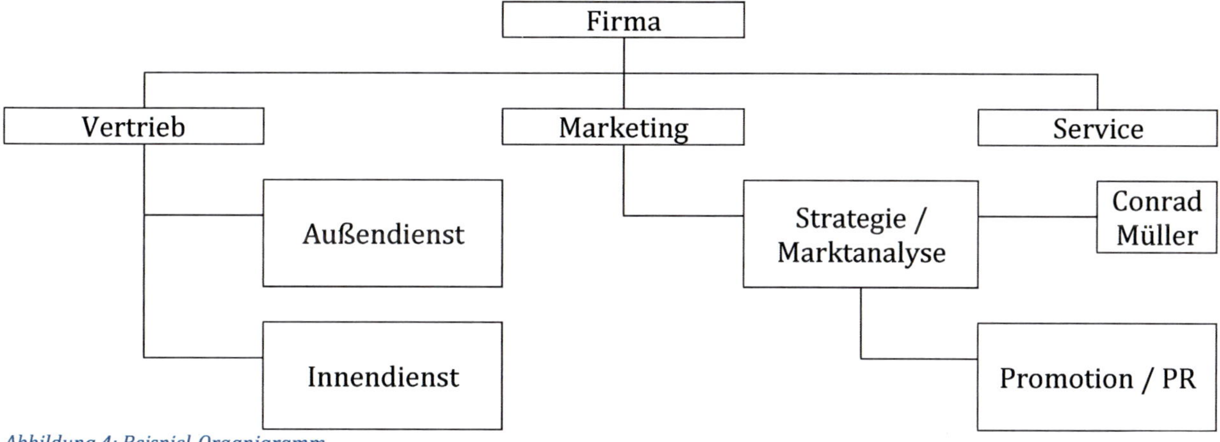

Abbildung 4: Beispiel-Organigramm

Der Anwender Conrad Müller arbeitet für das strategische Marketing-Team einer Firma (siehe Schaubild oben).

Tabelle 6: Berechtigungsvergabe am Beispiel eines Anwenders

Datensätze	Datensatzbasierte Privilegien							
	Erstellen	Lesen	Ändern	Löschen	Anhängen	Anhängen an	Zuweisen	Teilen
Firmen	Lokal	Tief	Basis					

Quelle: Lars Brodersen

Datensatzbasierte Privilegien - Beispiel: Er kann mit diesen Einstellungen Firmen erstellen (siehe praktisches Beispiel oben), die sowohl durch ihn oder aber seine Kolleginnen und Kollegen im strategischen Marketing-Team verwaltet werden. Gleichzeitig sieht er alle Firmen seines Teams, aber auch die des darunterliegenden Promotion-/PR-Teams. Allerdings kann er nur die Firmen ändern/aktualisieren, die er selbst verwaltet/angelegt hat.

Dieses Beispiel ist sehr einfach gehalten, erklärt aber das Grundprinzip der Sicherheitsrollen. Lediglich einen letzten Punkt gilt es, (für die Einführung) noch zu verdeutlichen: Um einen Datensatz verwalten zu können, muss ein Anwender der Besitzer (engl. Owner) des Datensatzes sein. Dieses Feld gibt es auf jedem Datensatz und der Anwender (es kann auch ein Team sein, zu dem ein Anwender gehört) muss dort eingetragen sein. Dadurch kann identifiziert werden, zu welcher Abteilung im Unternehmen ein Datensatz gehört, weil der Anwender (Besitzer des Datensatzes) diese Zuordnung schafft.

Das Dynamics CRM bietet noch weitere Berechtigungsmöglichkeiten, die hier aber nur am Rande angeschnitten werden sollen.

- Feldsicherheitsprofile: Berechtigungen können auch für einzelne Felder und nicht nur für Datensätze (wie es bei Teams oder dem Teilen der Fall ist) erteilt werden. Anwender können dann Feldinhalte sehen, erstellen bzw. ändern, wenn sie als Mitglied zu einem sogenannten Feldsicherheitsprofil zugeordnet sind.

- Besitzerteams: Anwender können in Teams zusammengefasst werden. Wie bereits beschrieben, kann ein solches Team auch der Besitzer eines Datensatzes, z. B. einer Firma, sein. Teams werden dann verwendet, wenn Anwender unterschiedlicher Abteilungen gleichberechtigt an einem Datensatz arbeiten müssen. Dann wird ein Team mit Anwendern, z. B. das Promotion/PR-Team und der Innendienst, zu einem Team zusammengefasst und dieses zum Besitzer einer Firma oder eines Projektes gemacht. Da dem Team eine Sicherheitsrolle zugewiesen wird, haben alle Teammitglieder dieselben Rechte.

- Zugriffsteams: Anders als beim Besitzerteam sind die Anwender dieses Teams keine Besitzer, sondern haben nur Zugriff. Dieser wird über die Sicherheitsrollen des Anwenders ermöglicht und nicht über eine gesonderte Sicherheitsrolle für das Team. Bei einem Zugriffsteam gelten also dieselben Berechtigungen wie sonst auch, in diesem Fall werden Erweiterungen für einzelne Datensätze vorgenommen, um das Lesen, Schreiben oder Anfügen zu ermöglichen. Diese Berechtigung kann entweder individuell pro Datensatz von Anwendern selbst eingestellt oder aber (vom Administrator festgelegt) automatisch für Entitäten festgelegt werden.

- Teilen: Ähnlich verhält es sich mit dem Teilen. Die Funktion Teilen ist den Teams sehr ähnlich, da auch hierüber verschiedene Anwender an einem Datensatz zusammenarbeiten können. Allerdings können die Berechtigungen für die verschiedenen Teammitglieder unterschiedlich sein. Kein Anwender, mit dem ein Datensatz geteilt wird, ist ein Besitzer, sondern lediglich ein Berechtigter. Die besondere Ausnahme hierbei ist, dass die Berechtigung nicht über die (vom Administrator erstellte) Sicherheitsrolle vergeben wird, sondern von den Anwendern selbst.

Es gibt noch weitere Berechtigungsmöglichkeiten, die aber zu speziell für ein Grundverständnis sind, wie es dieses Buch vermitteln soll. Es liegt allerdings auch hauptsächlich in der Verantwortung der CRM-Administratoren, den Anwendern die bestmögliche Variante vorzuschlagen und sie hinsichtlich der Vor- und Nachteile zu beraten.

Zu nennen ist hierbei einerseits die Hierarchiesicherheit (aufgeteilt in Manager- und Positionshierarchie) - Sie senkt die Wartungskosten, weil Berechtigungen über Unternehmenseinheiten hinweg leichter erteilt werden können. Zweitens gibt es die Kaskadierung, die es ermöglicht, das Teilen auf darunterliegende Datensätze (z. B. alle Kontakte einer Firma) zu vererben. Gleiches gilt für, Drittens, die Verknüpfung von AD-Gruppen mit CRM-Teams, ebenfalls eine Verwaltungsmöglichkeit von Berechtigungen, für massenhaft anfallende, aber vergleichsweise einfach strukturierte Berechtigungsanforderungen.

Schaut man sich die Gesamtheit der Berechtigungen an, wird ersichtlich, wie umfangreich und komplex die Erteilung von Berechtigungen sein kann. Zum einen ist das Konzept zur Erstellung der richtigen Berechtigungsvergabe eine sehr aufwendige Arbeit, zum anderen wird meist ein sogenanntes *Principle of least privilege* (Prinzip des geringsten Rechts) verfolgt: Damit soll sichergestellt werden, dass alle Anwender nur die Informationen sehen, die sie für ihre Arbeit wirklich benötigen. So sollen die Datensicherheit und der Datenschutz gewährleistet werden.

Was das Konzept der Berechtigungsvergabe betrifft, lässt sich noch erwähnen, dass die Administratoren des Systems ein Dilemma zu lösen haben: Je mehr das Konzept der Berechtigungen lediglich die Sicherheitsrollen, Feldsicherheitsprofile und Besitzerteams umfasst, desto leichter lässt sich das CRM-System betreuen. Je mehr Zugriffsteams (insbesondere die Variante, bei der die Anwender die Freigaben steuern), Kaskadierungen und die Möglichkeit zu Teilen für die Anwender freigegeben sind, desto schwieriger wird die Einsicht für die Administratoren (z. B. für den Support) und desto mehr Auswirkungen auf die Performance des Systems sind wahrnehmbar.

Je mehr Möglichkeiten die Anwender also im Bereich der Berechtigungen fordern, desto eher sind sie auf sich selbst gestellt (weil nur sie z. B. sehen können, ob sie einen Datensatz mit einem anderen Anwender teilen) und desto stärker sind die Auswirkungen auf die Ladezeiten von Daten, die sie aufrufen.

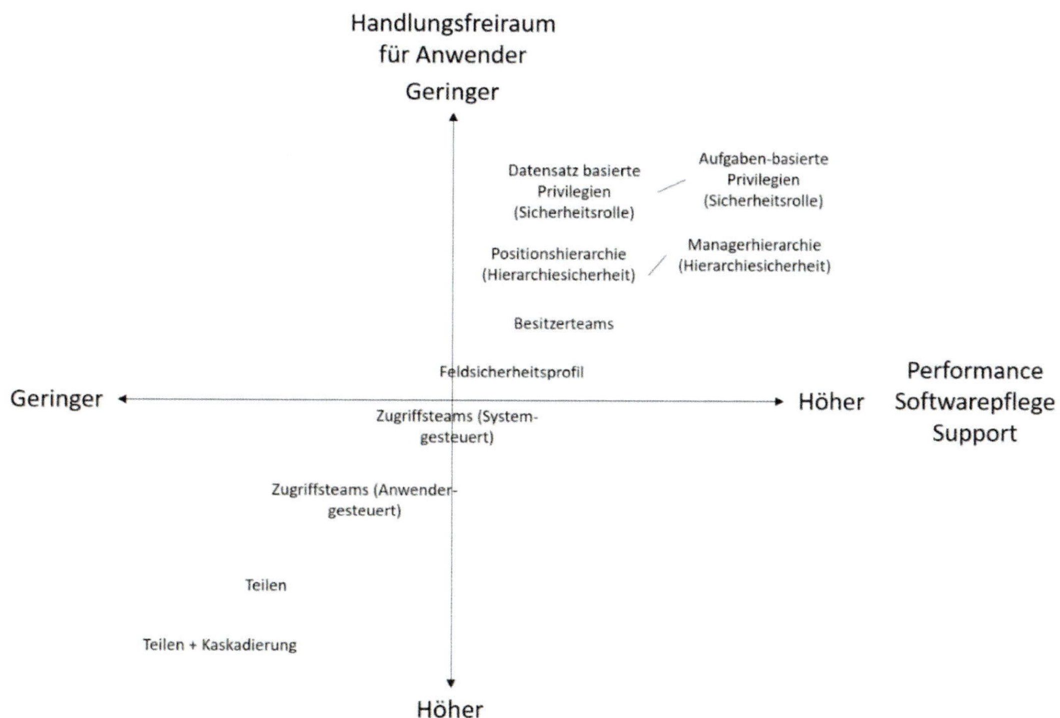

Abbildung 5: Berechtigungsmöglichkeiten und ihre Auswirkungen

Diese Darstellung ist sehr generisch und spart ein paar Details aus, kann aber die unterschiedlichen Perspektiven der Anwender und Administratoren gut wiedergeben.

Feld-Sonderzeichen und besonderes Feldverhalten

Felder im Dynamics CRM können unterschiedlich aussehen und sich unterschiedlich verhalten. Dabei ist nicht der Feldtyp als solches gemeint, z. B. ein *Optionsfeld* oder ein *Datumsfeld*, sondern wenn dieselben Feldtypen unterschiedliche Reaktionen zeigen bzw. verschiedene Klickfolgen vom Anwender erfordern. Dieses Kapitel zeigt die häufigsten Varianten auf und beschreibt sie.

Fast immer ist ein besonderes Feldverhalten durch ein gut sichtbares Symbol markiert und kann bereits vor der Informationseingabe identifiziert werden.

- Vorab gekennzeichnetes Feldverhalten
  - Felderfordernisse: Felder werden unterteilt hinsichtlich der Notwendigkeit, darin Daten einzugeben.
    - Optionale Felder: Auch ohne diese Information kann ein Datensatz angelegt oder geändert werden. Das Speichern ist möglich und die Felder haben keine Sonderzeichen.
    - Empfohlene Felder: Die Eingabe der Information wird dem Anwender empfohlen, ohne aber, dass das Speichern (Anlegen und Verändern) verhindert wird.
    - Pflichtfelder: Die Eingabe ist notwendig und das Speichern beim Anlegen oder Verändern des Datensatzes wird verhindert. Beachte: Hier gibt es eine Besonderheit, die als Fußnote in der folgenden Tabelle enthalten ist.
  - Geblockte Felder: Diese Felder sind vom Administrator oder System blockiert. Meist wird diese Funktion genutzt, wenn die Inhalte dieser Felder berechnet werden oder Informationen aus anderen Systemen enthalten.
  - Gesperrte Felder: Felder werden gesperrt, wenn ein Datensatz inaktiv ist. Der Datensatz muss erst wieder aktiv gesetzt werden, bevor die Feldinhalte geändert werden können. In früheren Versionen des Dynamics CRM waren diese Felder grau hinterlegt.
  - Ein-/Ausgeblendete Felder: Felder können ein- und ausgeblendet werden. Dies wird häufig dann gemacht, wenn bspw. in Abhängigkeit von einer Eingabe in Feld A entweder Feld B (z. B. für das Marketing) oder Feld C (z. B. für den Vertrieb) eingeblendet werden soll.
  - Feldsicherheitsprofil-Felder: Diese Felder sind mit einem Schlüsselsymbol gekennzeichnet. Sie sind dafür gedacht, wenn nur einzelne Anwender die Feldinhalte sehen bzw. bearbeiten dürfen.
  - Berechnete Felder: Sie aggregieren Kundeninformationen von untergeordneten Datensätzen (z. B. alle Servicefälle und dafür notwendige Aufwände für ein Kundenunternehmen) oder führen Berechnungen innerhalb eines Datensatzes aus.

Teilweise gibt es aber auch verschiedenes Feldverhalten, das nicht durch Symbole angezeigt werden.

- Nicht vorab gekennzeichnetes Feldverhalten
  - Fly out-Feld: Das Adressfeld und das Namensfeld bei Kontakten sind Fly out-Felder. Sie sparen Platz und zeigen erst dann alle benötigten Felder, wenn eine Eingabe erfolgen soll.
  - Eingabebeschränkungen: Bei den Feldern für die Eingabe der Webseite und E-Mail gelten Restriktionen. Beim Webseiten-Feld wird z. B. automatisch ein http:// eingefügt, wenn dies nicht vorhanden ist, auch wenn es sonst keine spürbaren Einschränkungen gibt. Beim E-Mail-Feld verhält es sich anders. Dort wird das Feld markiert, wenn das @-Zeichen oder die notwendige Punkt-Angabe fehlt.

In der folgenden Tabelle werden die Symbole sowie das Verhalten der Felder kurz beschrieben:

Tabelle 7: Übersicht der Feld-Sonderzeichen

Feld-Sonderzeichen	**Darstellung**	**Besonderes Verhalten**
Empfohlene Felder	+	Nicht vorhanden
Pflichtfelder[17]	*	Wenn die Eingabe fehlt kann der Datensatz nicht gespeichert werden.
Geblockte Felder	🔒	Die Inhalte dieser Felder können nicht verändert werden.
Gesperrte Felder	Bei inaktiven Datensätzen erscheint eine farbliche Markierung am unteren Ende der Eingabemaske.	Die Inhalte dieser Felder können nicht verändert werden und der Status des gesamten Datensatzes wird mit *inaktiv* angezeigt.
Feldsicherheitsprofil-Felder	 🔑 •••••••	Wenn Anwender die Inhalte nicht sehen dürfen, erscheinen die Feldinhalte als Kugeln.
Vom CRM-System berechnete Felder	 🔒 🖩	Diese Felder sind durch einen Taschenrechner gekennzeichnet. Da sie vom System berechnet werden, sind sie für die Eingabe gesperrt.
	(OnPremise) 🔒 🖩 15 (Online-Variante) Open Revenue US$0 Last updated: 1/23/2020 1:06 PM Recalculate	Die Berechnung kann manuell vom Anwender gestartet werden.
Fly out-Feld	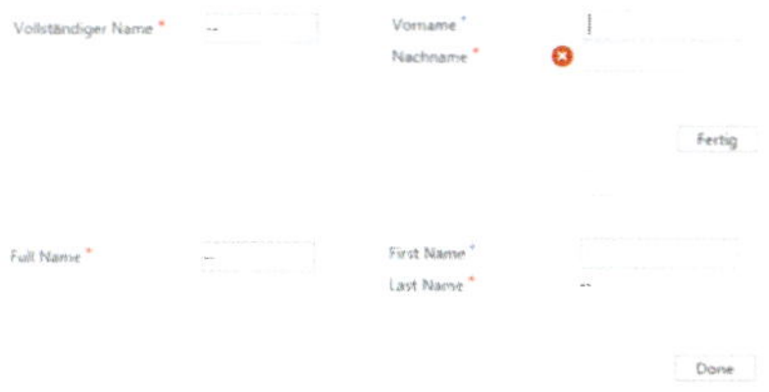 Vollständiger Name * Vorname * Nachname * Fertig Full Name * First Name * Last Name * Done	Das Fly out-Fenster erscheint erst bei Auswahl des Feldes. Das Fenster selbst enthält mehrere Felder, die selbst wiederum Sonderzeichen oder ein besonderes Verhalten haben können.
Eingabe-beschränkungen	Es gibt keine Sonderzeichen bei der Feldbeschreibung.	Wenn die Eingabe nicht den Vorgaben entspricht, wird ein weißes, diagonales Kreuz in einem roten Kreis gezeigt. Dies tritt nur beim E-Mail-Feld auf[18].

Quelle: Lars Brodersen

In der obigen Tabelle ist zu sehen, dass nicht immer eine Markierung durch ein Symbol vorhanden ist. Das ist immer dann der Fall, wenn es nur wenige Ausnahmen (z. B. bei den Eingabebeschränkungen) gibt oder es alle Felder zusammen betrifft (z. B. gesperrte Felder bei einem inaktiven Datensatz).

---

[17] Pflichtfelder können zwei Status haben: Sie können systemrelevant oder geschäftsrelevant sein. Der Unterschied in der Anwendung wird im Abschnitt *Was bedeutet der Status „Pflichtfeld"?* im Kapitel *Einzeltipps* behandelt.

[18] Dies kann für alle Felder von einem Administrator angepasst werden.

Technologische Grundlagen

In diesem Kapitel werden nun einige grundlegende Eigenschaften des Microsoft Dynamics CRM beschrieben. Dabei sind die Inhalte so gewählt, dass sie die tägliche Arbeit mit dem CRM-System in den Kontext des technologischen Schwerpunkts (durch Microsoft) und den sich daraus ergebenden funktionalen Möglichkeiten setzen.

Warum gibt es dieses Kapitel, werden Sie sich vielleicht fragen. Das wird im ersten Satz des folgenden Unterabschnitts beantwortet. Wenn Sie aber im Moment eher auf die Funktionen selbst konzentriert sind und das generelle Verständnis dafür, wie die CRM-Systemsoftware von Microsoft konzeptioniert wurde, nicht benötigen, dann können Sie direkt zum Kapitel *Einzeltipps - Anwendungshilfen für den täglichen Gebrauch* wechseln.

Was ist das Microsoft Dynamics CRM?

Um diese Frage zu beantworten, sollen einerseits eine nicht-technologische Antwort gegeben und andererseits ausgewählte technologische Details beleuchtet werden. Letzteres aber nur soweit, um einen ausreichenden Einblick in die Möglichkeiten der Anwendung zu geben.

Zum ersten Teil der Antwort lässt sich festhalten, dass das Microsoft Dynamics CRM keine Adressverwaltung ist. Klingt simpel, ist aber ein häufiger Irrtum, der in Praxisschulungen erst ausgeräumt werden muss. Vielmehr unterstützt es die Abteilungen mit dem häufigsten Kundenkontakt, meist das Marketing, den Vertrieb und den Service, indem die realen Geschäftsprozesse technologisch nachempfunden und gesteuert werden. Dazu sind die Gegebenheiten des geschäftlichen Alltags mit all ihren Umgebungsvariablen als Objekte im CRM nachgebildet und somit die Informationen aus den Wertschöpfungsprozessen des Unternehmens festgehalten.

Selbstverständlich kann das Microsoft Dynamics CRM mit seinem Standard (also so wie es unangepasst bereitgestellt wird) nicht sofort die Individualität jedes einzelnen Unternehmens abbilden. Deshalb wurde es, mit Blick auf den zweiten Teil der Antwort, nach einem Basiskonsensansatz mit Partnern von Microsoft entwickelt und enthält die kundenbezogenen Geschäftsprozesse, die nahezu in fast jedem Unternehmen gleich sind. Deshalb muss das Dynamics CRM oft an die Erfordernisse des Unternehmens angepasst werden.

Die Definition dessen, was kundenbezogene Prozesse ausmacht und technologisch unterstützt werden soll, unterlag dabei in den letzten Jahrzehnten einem starken Wandel. Die ersten Schritte wurden mit der Vertriebsautomatisierung (engl. Sales Force Automation (SFA)) begonnen, wobei die Mitarbeiter des vertrieblichen Außendienstes mit benötigter Hardware und Software ausgerüstet wurden, um deren Arbeit zu unterstützen. Mitte der 90er kam dann der Begriff Computer Aided Selling (CAS) auf. CAS fokussierte aber, in Abgrenzung zu SFA, auch den mobilen Einsatz und die Gesamtheit an zentraler und dezentraler IT-Unterstützung. CAS selbst war jedoch wiederum nur als Vorstufe zum Customer-Relationship-Management (CRM) zu verstehen, dass abteilungsübergreifend alle kundenbezogenen Prozesse unterstützt, nicht nur den Vertrieb.

Tabelle 8: Vergleich von SFA, CAS und CRM

Unterscheidungs-kriterien	SFA	CAS	CRM
IT	Dezentral (Mobil)	Zentral + Dezentral	Zentral + Dezentral
Abteilungen	Vertrieb	Vertrieb	Alle

Quelle: Lars Brodersen

Das Dynamics CRM, der Name sagt es bereits, ist also eine Lösung, die das Zusammenspiel (hauptsächlich, aber nicht nur) von Marketing, Vertrieb und Service unterstützt.

Für Dynamics CRM wird auch oft der Begriff xCRM oder xRM verwendet. Diese beiden Begriffe stehen für zwei Dinge: Einerseits den **modularen Aufbau der technischen Komponenten als Baukastenprinzip** bzw. Rahmenwerk (engl. Framework), andererseits für das Verständnis der **Integration des Kunden in den Wertschöpfungsprozess**, der vorsieht, dass heute auch die Produktentwicklung oder die Forschungsabteilung mit den Kunden interagiert, um deren Sichtweise früh antizipieren zu können. Sofern es die technische Sichtweise betrifft, soll eine CRM-Lösung mit dieser Kennzeichnung mit dem Vorteil beworben werden, dass es leicht anpassbar ist und viele Änderungen auch ohne Programmierkenntnisse vorgenommen werden können. Die zweite Sichtweise sagt aus, dass die Funktionen und der Grundaufbau des Systems dazu geeignet sind, auch Arbeitsprozesse von Mitarbeitern aus anderen Abteilungen als aus dem Marketing, Vertrieb oder Service abzubilden.[19]

Das Dynamics CRM ist allerdings keine Social CRM-Lösung. Denn Social CRM zielt auf die Prozesse und Interaktionen mit Einzelkunden ab, während CRM hauptsächlich auf Kundengruppen ausgelegt ist. Das Dynamics CRM unterstützt also keine Prozesse für einzelne Kunden, sondern erlaubt es vordergründig, z. B. Segmentierungen, Verkaufsphasen und Anfragenbearbeitungen für Geschäftsbereiche zu unterstützen.

Tabelle 9: Vergleich von CRM und Social CRM

Unterscheidungskriterium	**CRM**	**Social CRM**
Fragestellung bezogen auf ...	**die Kunden des Unternehmens**	
Wer steht im Fokus?	Homogene Zielgruppen	Einzelpersonen
Was tun sie?	Aktivitäten im Rahmen der Geschäftsprozesse des Unternehmens	Die Kunden definieren den Prozess
Wann sind sie tätig?	Hauptsächlich zu Geschäftszeiten	Wann auch immer
Wo findet der Austausch statt?	Über fest definierte Kanäle und Plätze	Dynamisch über wechselnde Kanäle, definiert durch die Kunden
Weshalb wird es verwendet?	Für Kaufaktivitäten und Feedback	Gedanken und Austausch sind elementar
Wie wird es verwendet?	Synchron / Asynchron	Asynchron
	Einheitlicher Unternehmensauftritt	Persönliche Beziehung
Potenzial	Loyalität gegenüber dem Unternehmen	Kollaboration mit dem Unternehmen

Quelle: Lars Brodersen

Selbstverständlich lässt sich das Dynamics CRM soweit anpassen, dass es auch ausgeprägte Besonderheiten berücksichtigen kann. Dies geht aber fast immer auf Kosten der Leistungsfähigkeit des Systems. Deshalb bietet Microsoft für Social CRM separat die cloudbasierten Dienste der *Social Engagement*-Lösung an.

Ein weiterer nennenswerter Unterschied ist, dass das Dynamics CRM eine *Systemsoftware* und keine *Anwendungssoftware* ist. Die Systemsoftware ist um einiges umfangreicher und muss entsprechend intensiv von der IT-Abteilung gewartet werden. Das ist z. B. bei

19 Brodersen, L.: CRM-Software optimal evaluieren, Selbstverlag, Hamburg, 2018, S. 102.

Anwendungssoftware o. ä. Software nicht der Fall, dafür bieten diese Lösungen weniger Funktionen.

Microsoft hielt als Anbieter die folgenden drei CRM-Lösungen bereit:

- das als Dynamics 365 bekannte **CRM-System** (Systemsoftware), genannt Dynamics 365 Customer Engagement (CE)
- das Dynamics 365 Business Central (vormals als Navision bekannt), dass ein Bindeglied zwischen einem ERP-System und einem CRM-System ist und ein integriertes **CRM-Modul** hat
- das in Microsoft Office Outlook zu integrierende **Add-In für Business Contact Manager** (BCM). Es handelte sich hierbei um ein **CRM-Tool**. Diese Lösung wurde Ende 2016 abgekündigt und 2017 durch den Outlook Customer Manager, eine CRM-Lösung als integrativer Bestandteil von Microsoft Office Outlook, ersetzt. Dieser war ein cloudbasierter, mobilfähiger **CRM-Service**. Beide Lösungen sind bei manchen Unternehmen noch im Einsatz, werden von Microsoft aber nicht weiter unterstützt

Da es den BCM und den Outlook Customer Manager nicht mehr gibt, stellt sich für manche die Frage, wie die Integration in Microsoft Office Outlook gewährleistet werden kann. Dies geschieht durch die **Dynamics 365 App für Outlook**, für die allerdings der Einsatz von Dynamics 365 Customer Engagement (CE) die Voraussetzung ist und mit der Lösung mit-lizensiert wird.

Was macht Microsoft Dynamics besonders?

Das Dynamics CRM bietet eine Vielzahl an Vorteilen, die nicht immer selbsterklärend sind. In diesem Kapitel und seinen Abschnitten werden einige dieser Besonderheiten beschrieben, ohne die Technologie im Detail zu erklären - das ist Bestandteil von initialen Trainings und Schulungen bzw. in der offiziellen Microsoft-Dokumentation ganz genau erklärt wird. In den nächsten Abschnitten wird vielmehr das Gesamtkonstrukt erläutert, um ein ganzheitliches Verständnis für die Funktionsweise zu erlangen. Dadurch soll es möglich werden, die Funktionen des Dynamics CRM aus einer übergeordneten Perspektive und ggf. im Zusammenspiel wahrnehmen zu können.

Die folgende Liste erhebt dabei keinen Anspruch auf Vollständigkeit, denn es wäre möglich, ganze Bücher mit den Informationen zu füllen. Die Auflistung folgt stattdessen dem Ziel, den Einstieg zu erleichtern und eine erste Hilfestellung (zusätzlich zu den ersten Trainings und/oder den Funktionsbeschreibungen bei den Einzel-/Serientipps) anzubieten.

Transferierung von Kundendaten

Ein stark vereinfachter Verkaufsprozess im Dynamics CRM lässt folgendermaßen skizzieren:

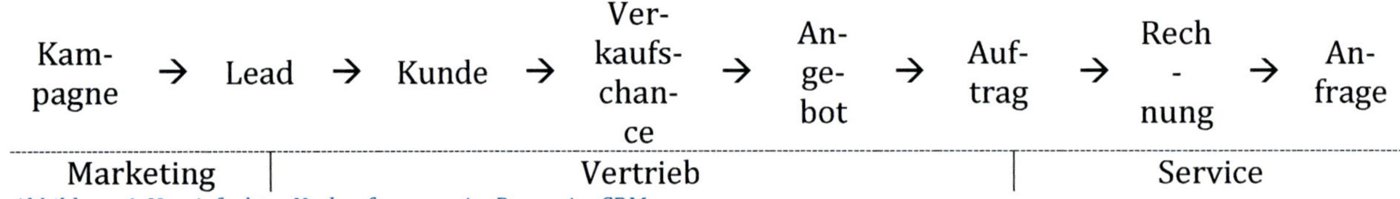

Abbildung 6: Vereinfachter Verkaufsprozess im Dynamics CRM

Dabei können Kunden im Rahmen einer Kampagne, z. B. auf einer Messe oder einer Konferenz, angesprochen und als Lead (potenzieller Kunde) erfasst werden. Nach dessen Qualifizierung und der damit einhergehenden Übergabe vom Marketing an den Vertrieb wird ein Kundenkonto angelegt, gleichzeitig eine Verkaufschance erstellt und der Verkaufsprozess fortgeführt. Schrittweise übernimmt dann die Service-Abteilung, wobei der Zeitpunkt von Unternehmen zu Unternehmen stark variiert, weil manche Service-Mitarbeiter gleichzeitig auch Innendienst-Tätigkeiten übernehmen.

Die Besonderheit des Dynamics CRM liegt darin, dass, oftmals unbemerkt für die Anwender, Daten im Hintergrund fortgeführt und übergeben werden. Dadurch ist z. B. immer nachvollziehbar, im Rahmen welcher Kampagne der Kunde gewonnen wurde, weil diese Information in das Kundenkonto (nicht immer sichtbar) eingetragen wird. Diese Information, z. B. Messe XYZ, wird beständig weitergegeben, wenn aus einem Datensatz heraus ein weiterer angelegt wird, sodass selbst in der Rechnung diese Information gespeichert ist und das Marketing nach zwei Jahren eine ROI-Auswertung für eine Kampagne durchführen kann.

Dieses Prinzip findet an allen Stellen im Dynamics CRM statt und wurde nur beispielhaft an dem oben genannten Prozess dargestellt. Durch diese Vernetzung der Informationen ist es möglich, deutlich unterschiedliche Auswertungen oder z. B. als Anwender eine vereinfachte Dateneingabe zu generieren, weil Informationen schon vorab bei Datenanlage durch das CRM-System ausgefüllt werden können.

Die Suche nach Kundeninformationen

Ein Großteil der Tätigkeit im Umgang mit einem CRM-System wird durch die Suche nach Kundeninformationen geprägt. Die Spannbreite variiert dabei von kleineren Suchanfragen, z. B. ob ein potenzieller Kunde bereits im CRM-System angelegt wurde, um Duplikate bei der

Neuanlage zu vermeiden, bis hin zur Abfrage großer Datenmengen, z. B. im Rahmen von Berichten oder des Business Intelligence (BI).

Kleinere Suchanfragen sind dabei **transaktional** (spät-lateinisch transactio = Vollendung bzw. Abschluss) und größere eher **analytisch** (logische Zergliederung).

Das Dynamics CRM bietet für beide Arten der Anfragen verschiedene Lösungen, da sie sich in ihren Merkmalen unterscheiden.

- Transaktional
  - Einfach strukturierte Daten
  - Meist nur eine geringe Anzahl
  - Kurze Leseaktionen
  - Schreiben und Modifizieren gewünscht
- Analytisch
  - Komplexe Daten
  - Viele Datensätze
  - Längere Leseaktionen
  - Meist nur Lesen, kein Modifizieren

Das geht Hand in Hand damit, ob Informationen **intuitiv** oder **heuristisch** gesucht werden.

- Intuitiv
  - Ahnendes Handeln, spontan
  - Schnell, unmittelbar
- Heuristisch
  - Finden durch systematisches Erproben
  - Schrittweise, langfristig

Wenn für einen Kunden z. B. nur die Postleitzahl und ein Teil des Straßennamens bekannt sind, aber der Firmenname vergessen wurde, muss schrittweise gesucht und durch Filterungen probiert werden, die Suchergebnisse solange (heuristisch) einzugrenzen, bis das Ergebnis vorliegt. Wenn der Firmenname bekannt ist, führt dies hingegen (wenn keine Schreibfehler vorliegen) durch intuitive Suche sehr schnell zum Ergebnis.

Mit einer intuitiven Suche kommt man also schnell zu den gesuchten Ergebnissen, weil das Dynamics CRM die Informationen transaktional sucht. Dementsprechend sind z. B. Filterungen und Sortierungen technisch entsprechend implementiert. Eine Erweiterte Suche (wird bei den Funktionsbeschreibungen detailliert beschrieben) gleicht einer heuristischen Suche und das Dynamics CRM ermittelt die Informationen auf analytische Weise, weshalb es für den Anwender mitunter aufwändiger ist die Suchkriterien festzulegen und das System ggf. länger braucht als für eine intuitive/transaktionale Suchanfrage.

Eine (sehr) detaillierte Übersicht ist unter den *Serientipps* bei *Gewusst wie: Suche* im Abschnitt *Gewusst wie: Die verschiedenen Arten der Suche* zu finden.

Hierarchisierung

Die Kundendaten im MS CRM sind hierarchisch angelegt und die Zuordnungsformen werden im englischen Parent-Child-Relationship genannt. Wörtlich übersetzt heißt dies Eltern-Kind-Beziehung, im Englischen ist dabei aber nicht die familiäre Beziehung, sondern lediglich die Zuordnung zueinander gemeint. Deshalb wird hier weiter der Begriff *Parent-Child* genutzt.

Meist geht mit der Vorstellung einer Hierarchie eine implizite Wertigkeit einher, sprich der höheren Ebene wird eine höhere und der untergeordneten eine niedrigere Wertigkeit zugesprochen. Im Rahmen der Kundenbeziehungen im Dynamics CRM müssen Hierarchien und deren Abbildung hingegen als Teil eines Netzwerkes gesehen werden. Nimmt man aus diesem großen Netzwerk einen sehr kleinen Teil heraus, lässt sich ein Parent-Child-Bezug folgendermaßen darstellen.

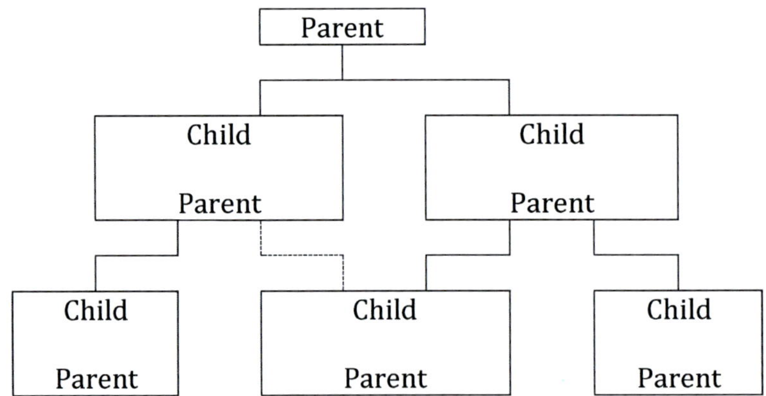

Abbildung 7: Parent-Child-Beziehung

In dem Beispielbild ist zu sehen, dass ein Child auch gleichzeitig ein Parent ist, wenn es einen darunterliegenden Datensatz gibt. Die Benennung hängt also davon ab, in welcher Beziehung der Datensatz gesehen wird. Dabei kann, an der gestrichelten Linie zu erkennen, ein *Child* auch mehrere *Parents* bzw. ein *Parent* mehrere *Childs* haben.

Diese Beziehungsform lässt sich an sehr vielen Stellen im Dynamics CRM finden:

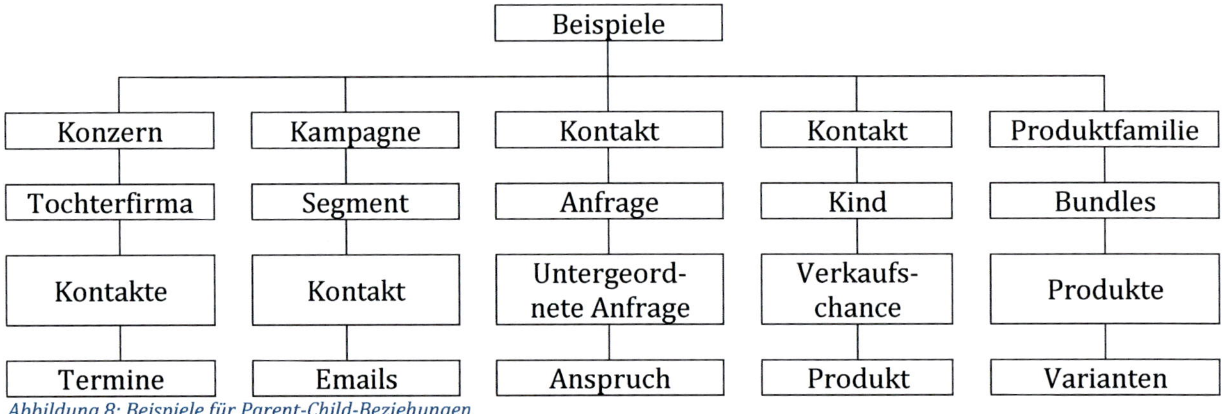

Abbildung 8: Beispiele für Parent-Child-Beziehungen

Eine Tochterfirma ist also ein *Child* von dem *Parent*-Konzern, gleichzeitig aber der *Parent* von einem Kontakt usw. Berücksichtigt man das letzte Schaubild und verdeutlicht sich, an welchen Stellen Kontakte Bezüge zu anderen Entitäten aufweisen, wird der Netzwerkcharakter der Informationen deutlich.

Das Dynamics CRM nutzt diese Form der Datenablage allerdings nicht nur für die Zuordnung von Daten, sondern die Anwender können diese Struktur auch zur vereinfachten Dateneingabe verwenden. Denn im Rahmen der Hierarchie werden Daten bei Neuanlage weitergegeben, oft auch „vererbt" genannt. Wenn im Beispiel von oben ein Datensatz in der obersten Ebene angelegt, z. B. eine Kampagne oder ein Konzern, und aus diesem Datensatz heraus ein zugeordneter Datensatz angelegt wird, werden die Informationen des *Parent* an den *Child*-Datensatz übergeben[20]. Dadurch können die Anwender Doppeleingaben vermeiden, indem die Daten immer „von oben nach unten" (engl. top-down) angelegt werden.

[20] Die Administratoren des CRM-Systems können dabei definieren, welche Feldinformationen weitergegeben werden oder nicht.

Bezüge und Verbindungen

Besonderes Augenmerk bei den Beziehungen zwischen Daten sollte daraufgelegt werden, dass es verschiedene Formen der Beziehungen von Daten gibt. Nimmt man es genau, sollte nur von **Assoziation** (lat. associäre für *beigesellen*, dem zugrunde liegt lat. sociäre für *vergesellschaften*) gesprochen werden. Diese können dann weiter **zwischen einem *Bezug* oder einer *Verbindung* unterschieden** werden. Im letzten Beispiel des vorherigen Abschnitts wurde lediglich der Bezug genannt. Das Dynamics CRM kennt aber auch Verbindungen, die sich von Bezügen unterscheiden.

Verbindungen sind eine Funktion im Dynamics CRM, um Daten miteinander zu assoziieren, die eine eher flüchtige Beziehung aufweisen. Bezüge bilden Assoziationen zwischen Daten ab, die eher dauerhaften Charakter haben.

Tabelle 10: Vergleich von Bezügen und Verbindungen

Kriterium	Bezug	Verbindung
Abhängigkeit	Meist hierarchisch	Wechselseitig
Dauer	Verbindlich, konsistent	Variabel, inkonsistent
Bezug	Meist einzeln	Vielfach vorhanden
Art und Dauer	Primär, fest, langfristig	Sekundär bis tertiär, lose, zeitlich begrenzt
Festlegung	Konkreter Austausch von Variablen und Parametern	Nur über die Bestimmung der Kriterien für die Verbindung
Fokus	Synergien	Netzwerk
Kommunikation	Erlass & Bescheid	Austausch

Quelle: Lars Brodersen

Bezüge (z. B. zwischen einem Konzern und einer Tochterfirma) sind beständiger als Verbindungen (z. B. zwischen einer Tochterfirma und einem teilhabenden Gesellschafter einer anderen Firma), dadurch aber auch immer sehr spezifisch.

Einzeltipps - Anwendungshilfen für den täglichen Gebrauch

Die hier enthaltenen Tipps und Tricks sind Anwendungshilfen zu den verschiedensten Funktionen des Microsoft Dynamics CRM. Sie können im Umgang mit allen Informationen und Datenätzen angewendet werden.

Alle Tipps und Tricks sind nach den fünf CRM-Dimensionen (Strategisch, Analytisch, Kollaborativ, Kommunikativ und Operativ) aufgeteilt. Die Dimensionen sind am Anfang jedes Kapitels jeweils individuell beschrieben, um die Einteilung der enthaltenen Tipps und Tricks besser nachvollziehen zu können. Jeder Abschnitt ist zusätzlich farblich entsprechend markiert.

Wo immer möglich werden die deutschen Funktionsbegriffe verwendet. Diese Möglichkeit ist nicht immer gegeben, weil es teilweise keine sinngemäße Übersetzung von englischen Begriffen gibt, die denselben Inhalt wiedergeben. Wenn keine eindeutige deutsche Übersetzung vorhanden ist, wird dies im zentralen Glossar am Ende des Buches bei dem jeweiligen Begriff erklärt. Zusätzlich gibt es einen separaten Abschnitt, damit Sie als Leser selbst, im Rahmen der Hilfe zur Selbsthilfe, in die Lage versetzt werden nach Lösungsvorschlägen im Internet zu suchen.

Jede Anwendungshilfe wird in einem praxisnahen Ablauf dargestellt:

- Der Anwendungsfall: Eine generalisierende Beschreibung zum Verständnis
- Die Herausforderung: Die Benennung des Problems in der Handhabung mit dem System
- Die Lösung: Eine bebilderte Beschreibung zur einfacheren Anwendung

Anbei eine Legende zur Einteilung der Komplexität der Tipps und Tricks.

Legende

Komplexität	Bemerkung
★☆☆☆	• Kaum bzw. keine Verwendung der CRM-Begriffe • Knappe und eingängige Inhaltsbeschreibung • Lesedauer: max. 1 min
★★☆☆	• Gelegentliche Verwendung der Terminologie • Prägnante Beschreibung zum Vorgehen • Lesedauer: max. 3 min
★★★☆	• Mehrere CRM-Begriffe werden verwendet • Beschreibung in umfangreicheren Schritten • Umfasst mehrere Benutzereingaben • Lesedauer: max. 10 min
★★★★	• Umfangreiche Nutzung der Terminologie • Praktische Anwendung notwendig • Kombination mehrerer Funktionen gegeben • Zusätzliche Nutzung externer Quellen

Operatives CRM

Diese Dimension umfasst die Funktionen einer CRM-Anwendung, die den direkten Austausch mit den Kunden unterstützt und somit in Bereichen mit Kundenkontakt eingesetzt wird. Die primäre Aufgabe besteht in der Unterstützung der bereichsspezifischen Geschäftsprozesse zur Erfüllung der Kundenerwartung.

Die Funktionen dienen dazu, den unmittelbaren Austausch zu optimieren indem die erfassten Informationen systematisch verarbeitet und gespeichert werden. Damit gewährleistet es einen durchgängigen und konsequenten, von Kunden wahrnehmbaren Ablauf im geschäftlichen Miteinander.

Dazu bietet es bereichsspezifische Bearbeitungswerkzeuge zur Strukturierung der Daten in der Datenbank, zur Erfassung der Informationen über die verschiedenen Kommunikationskanäle, zur Darstellung von Daten aus anderen Systemen (z. B. dem Enterprise Ressource-Planning (ERP)) sowie zur Unterstützung der Mitarbeiter im direkten Kundenkontakt (z. B. Anfragenbearbeitung im CallCenter des Service oder mobiler Datenzugriff für den Vertrieb).

Es fokussiert dabei engagierte und qualifizierte Mitarbeiter im Umgang mit dem System und seinen Funktionen. Weiterhin soll es die abzubildenden Prozesse transparent und einfach in der Wahrnehmung der Bediener darstellen. Dazu gehört die Flexibilität in der Anwendungsbedienung zur Abbildung kundenspezifischer Besonderheiten, aber auch zur gleichzeitigen logischen Speicherung leistungsbezogener Kundenkennzahlen.

Das operative CRM soll mittelbar die Kundenzufriedenheit erhöhen und stellt die Daten dem analytischen CRM zur Auswertung zur Verfügung.

Öffnen eines Datensatzes in neuem Tab/Fenster

★★☆☆

Anwendungsfall: Öffnen eines Datensatzes (z. B. Firma) in einem extra Fenster.

Herausforderung

Firmendatensätze werden immer im gleichen Browserfenster geöffnet. Manchmal wäre es hilfreich den Datensatz in einem separaten Fenster zu öffnen.

Lösung

Halten Sie die **Shift**-Taste gedrückt und klicken Sie gleichzeitig mit Linksklick auf den Firmennamen, um den Datensatz in einem neuen **Browserfenster** zu öffnen. Das funktioniert sowohl in Ansichten als auch in der Eingabemaske.

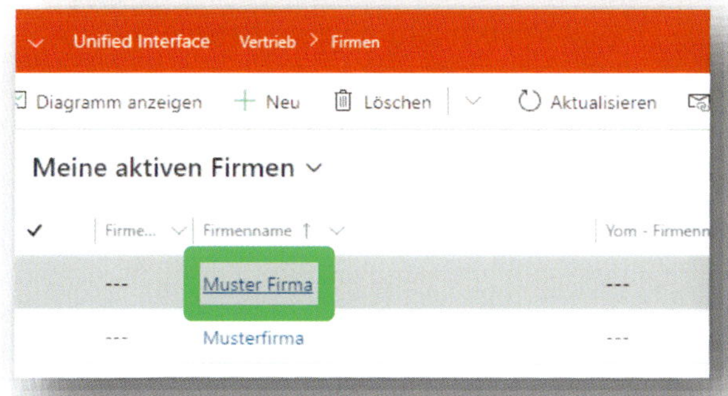

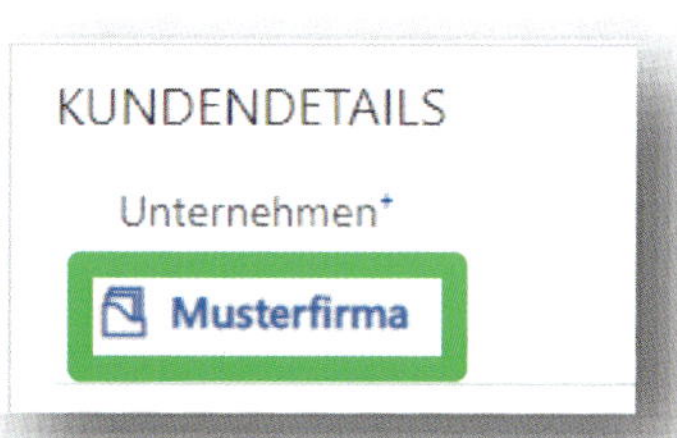

Screenshot 26: Anwendung einer Tastenkombination bei einem Suchfeld

Mit gedrückter **Strg**-Taste und gleichzeitigem Linksklick wird der Datensatz in einem neuen **Browsertab** geöffnet aber **nicht angezeigt**, so dass man ungestört weiterarbeiten kann. Die Kombination aus **Strg+Shift+Linksklick** öffnet den Datensatz in einem neuen **Browsertab und aktiviert** ihn gleichzeitig. Auch hier funktioniert beides in Ansichten als auch Eingabemasken.

Klickt man in einer Ansicht mit der Tastenkombination **Strg+Shift+Doppelklick** auf eine Zeile, wird der Datensatz in einem neuen Browser-Tab geöffnet und angezeigt. Die Kombinationen **Shift+Doppelklick** oder **Strg+Doppelklick** führen hierbei allerdings zum selben Ergebnis.

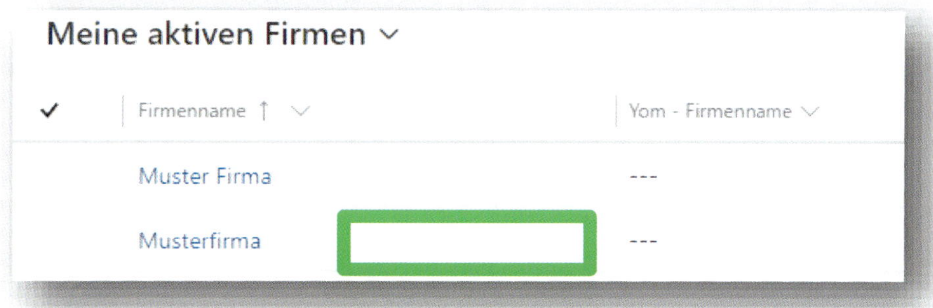

Screenshot 27: Anwenden einer Tastenkombination auf einen Datensatz in einer Ansicht

Hier als Übersicht in einer Tabelle:

Kombination	Klick auf…	Ergebnis
Strg + Linksklick	Suchfeld-Eintrag im geöffneten Datensatz	Datensatz wird in neuem Browser-Tab im Hintergrund geöffnet
Strg + Linksklick	Blau markierten Datensatz in Ansicht	
Shift + Linksklick	Suchfeld-Eintrag im geöffneten Datensatz	Datensatz wird in neuem Browser im Vordergrund geöffnet und angezeigt
Shift + Linksklick	Blau markierten Datensatz in Ansicht	
Strg + Shift + Linksklick	Suchfeld-Eintrag im geöffneten Datensatz	Datensatz wird in neuem Browser-Tab geöffnet und angezeigt
Doppelklick	Datensatz in Ansicht (als Zeile, nicht der blau markierte Schriftzug)	Datensatz wird im gleichen Browser-Tab geöffnet
Strg und/oder Shift + Doppelklick		Datensatz wird in neuem Browser-Tab geöffnet und angezeigt

Tabelle 11: Tastenkombinationen zum Öffnen eines Datensatzes

Bis Version 9.0 funktionierte noch folgende Lösung: Klicken Sie per Rechtsklick auf den Datensatz und wählen Sie *In neuem Fenster* öffnen.

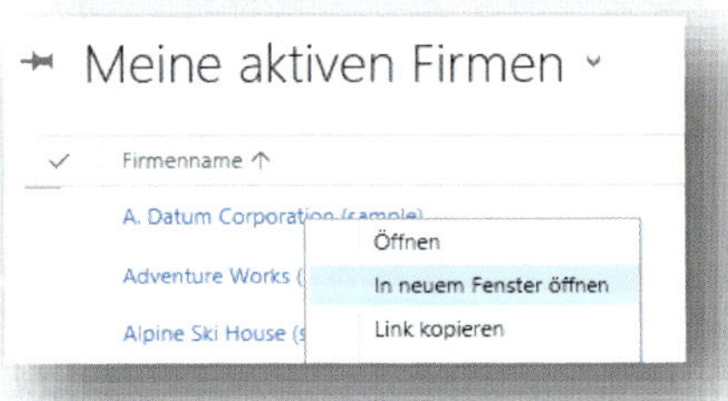

Screenshot 28: Auswahlmenü bei Rechtsklick auf einen Datensatz in einer Ansicht (nur bis Version 9)

Diese Möglichkeit wurde mit dem Unified Interface-Update (vorübergehend) entfernt. Eine Rückmeldung vom Microsoft Support sicherte aber die Rückkehr der Funktion zu[21]. Tatsächlich hielt sie danach wieder Einzug.

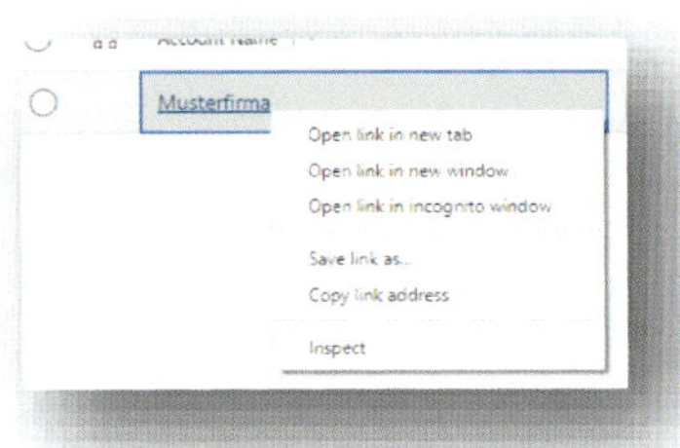

[21] „This is currently behaving as designed. In UCI, we have not implemented a right click context menu for Grid yet. The right click context that shows up today is provided by the browser itself and the fact that it is opening the same page in a new tab or new window a browser behavior. We already have a feature in our backlog to provide this capability in the upcoming months. We are aware of this ask and working on enabling it in future releases. For now this is behaving as expected." Quelle: https://community.dynamics.com/crm/f/microsoft-dynamics-crm-forum/299461/open-in-new-window-doesn-t-work-in-uci?pifragment-97030=1

Deaktivierung von Datensätzen trotz Pflichtfelder

★☆☆☆

Anwendungsfall: Ich möchte einen Kontaktdatensatz deaktivieren, habe aber nicht alle Pflichtfelder auf dem Formular ausgefüllt.

Herausforderung

Durch die Pflichtfelder auf dem Formular gibt es eine Fehlermeldung beim Klicken auf den Button *Deaktivieren*. Es ist aber umständlich erst alle Pflichtfelder vor dem Deaktivieren auszufüllen. Den Datensatz aber einfach bestehen lassen sorgt für eine unsaubere Datenqualität in meinen Kontakten.

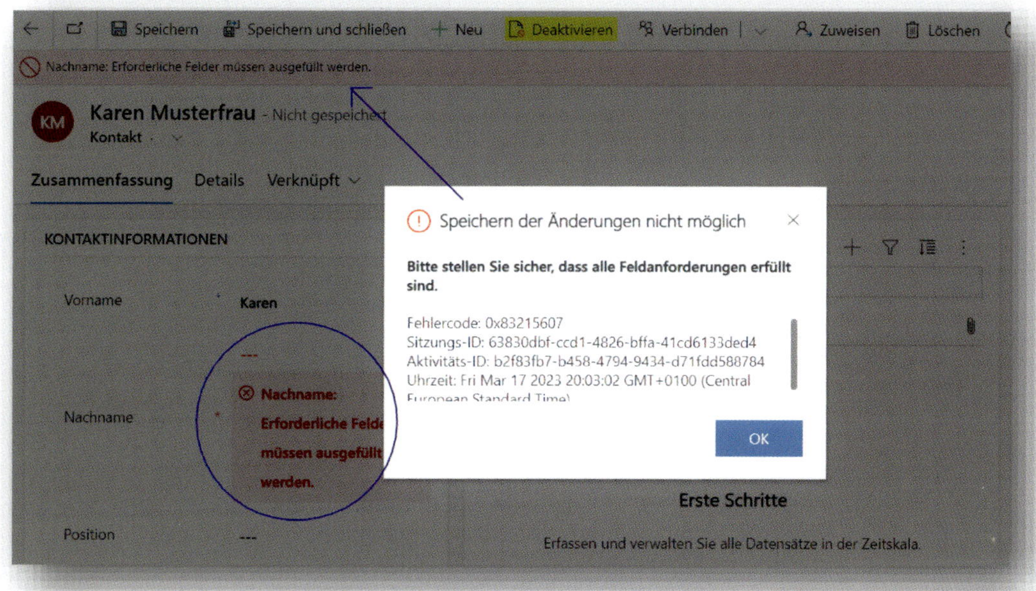

Screenshot 29: Hinweis beim Deaktivierungsversuch trotz unausgefüllter Pflichtfelder im Formular

Lösung

Dieser Hinweis erscheint nur beim Deaktivieren eines Kontaktes, wenn er geöffnet ist. Stattdessen kann der Kontakt, nach dem Markieren, in der Ansicht deaktiviert werden ohne dass es verhindert wird.

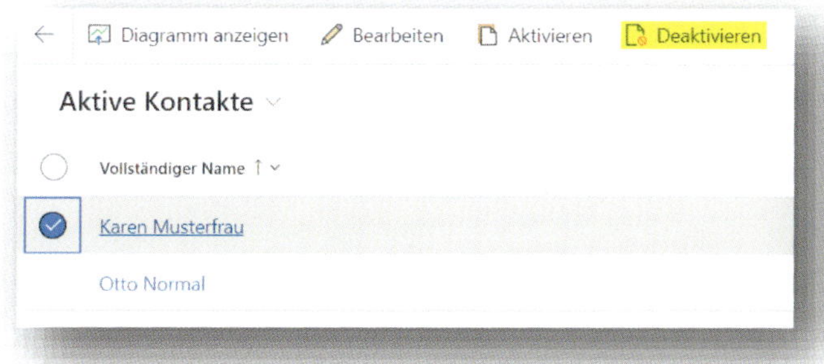

Screenshot 30: Deaktivieren eines Kontaktes in einer Ansicht

Versenden von Links für Datensätze per E-Mail

★☆☆☆

Anwendungsfall: Versenden eines oder mehrerer Links per E-Mail an einen Kollegen

Herausforderung

Es sollte möglich sein, Links für mehrere Datensätze zu versenden, ohne jeden Datensatz einzeln auszuwählen zu müssen.

Lösung

Um einen oder mehrere Links zu versenden, wählen Sie vorab mehrere Datensätze in der Ansicht aus.

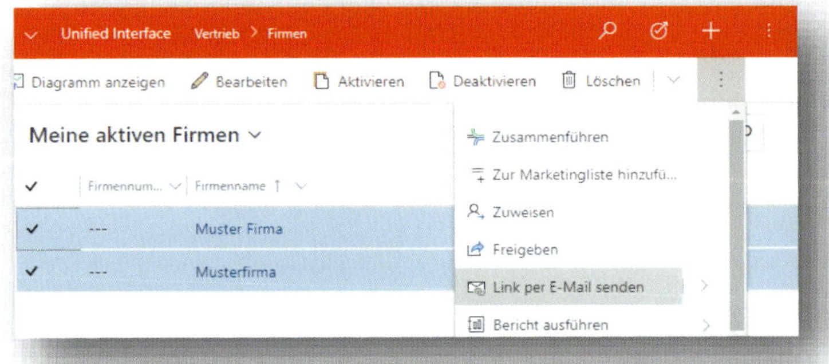

Screenshot 31: Auswahlmenü bei Rechtsklick auf einen Datensatz in einer Ansicht

Klicken Sie dann auf die Funktion *Link per E-Mail senden* in der Funktionsleiste. Der Button erscheint nicht immer unter der gepunkteten Linie, sondern, je nachdem welche Auflösung und Fenstergröße gewählt wurde, direkt als Button in der Menüzeile.

Bis Version 9 funktionierte noch die Lösung, mehrere Datensätze zu markieren und auf die Option *Link per E-Mail senden* zu wählen. Aktuell ist das nicht möglich.

Früher: Heute:

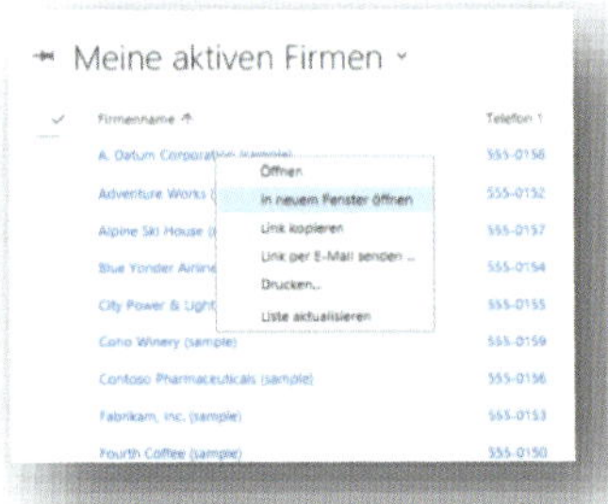

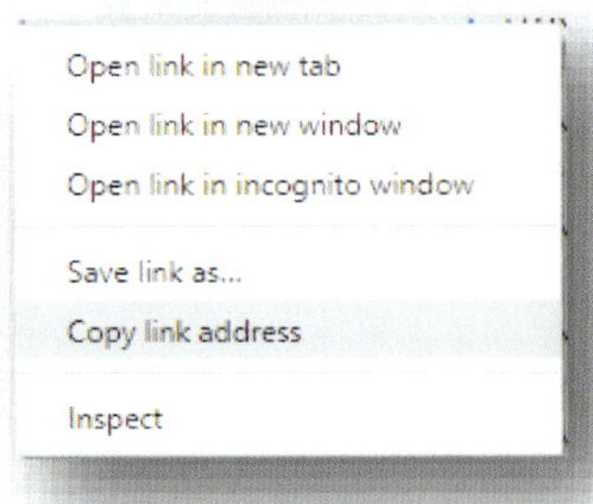

Screenshot 32: Auswahlmenü bei Rechtsklick auf einen Datensatz in einer Ansicht (nur bis Version 9)

Versenden eines Links für eine Ansicht per E-Mail
★☆☆☆

Anwendungsfall: Ich möchte einen Link für eine Ansicht an Kollegen schicken.

Herausforderung

Es gibt die Möglichkeit Links per E-Mail für eine Ansicht zu versenden, manchmal fehlt mir allerdings die Option, weil der Button sich geändert hat.

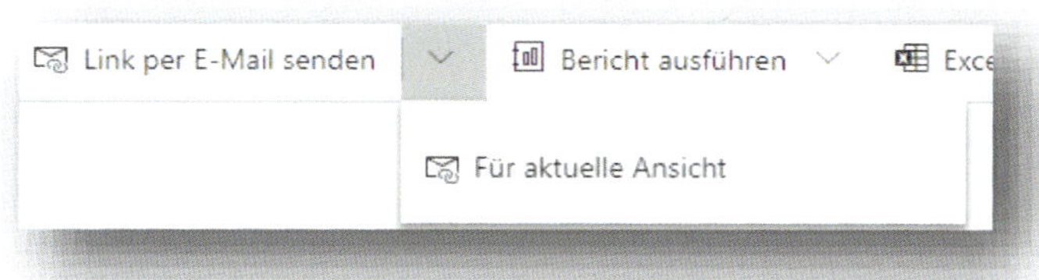

Screenshot 33: Versenden eines Links für die aktuelle Ansicht

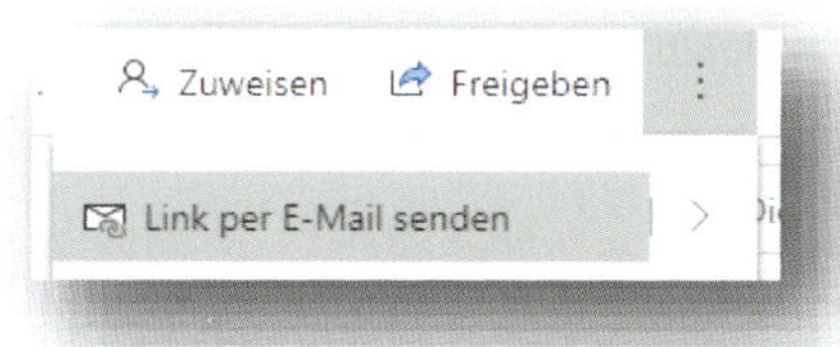

Screenshot 34: Versenden eines Links von Datensätzen

Lösung

So lang wie kein Datensatz in einer Ansicht ausgewählt ist, erscheint der Button für den Versand des Links für die Ansicht. Sobald einer oder mehrere Datensätze ausgewählt wurde, ändert sich die Funktion des Buttons und die Links für die Datensätze können damit versendet werden.

Für die Überflieger:

Bis zur Version 9 konnten die Links für die Ansichten „Meine Kontakte" und die Ansicht für die Schnellsuche nicht per Link versendet werden. Das hat sich geändert, weil Links für alle Ansichten erstellt werden können und die Schnellsuche keine eigene Ansicht mehr ist, sondern die Ergebnisse in der gewählten Ansicht angezeigt werden.

Es funktioniert aber nach wie vor nicht mehrere Datensätze auszuwählen (oder z. B. über die Funktion Filtern oder Sortieren einzuschränken) und dann den Link für die Ansicht zu versenden. Es wird immer nur der Link für die Ansicht, aber nie für die darin enthaltenen Datensätze versendet.

Optimale Spaltenbreite

★☆☆☆

Anwendungsfall: Alle Informationen in der Ansicht sollen angezeigt werden, ohne unnötigen Platz zu verschwenden.

Herausforderung

Manche der Spalten sind ungünstig formatiert und zu breit oder zu schmal. Deshalb ist es nicht möglich, Informationen in den Spalten auf der rechten Seite zu sehen, ohne zu scrollen.

Lösung

Für den Spaltentrenner | gibt es zwei Funktionen, vergleichbar mit derselben Funktion in Microsoft Office Excel. Bei Doppelklick wird die Spalte auf die kleinstmögliche Wiedergabebreite beschränkt, dies richtet sich nach dem längsten Inhalt in einer der Zellen der Ansicht. Ansonsten gibt es für Anwender nur die Möglichkeit, den Spaltentrenner per Klick festzuhalten und auf die erforderliche Breite zu ziehen.

Für eine permanente Verbesserung der Spaltenbreite müssen die Administratoren oder Power User eine Anpassung vornehmen.

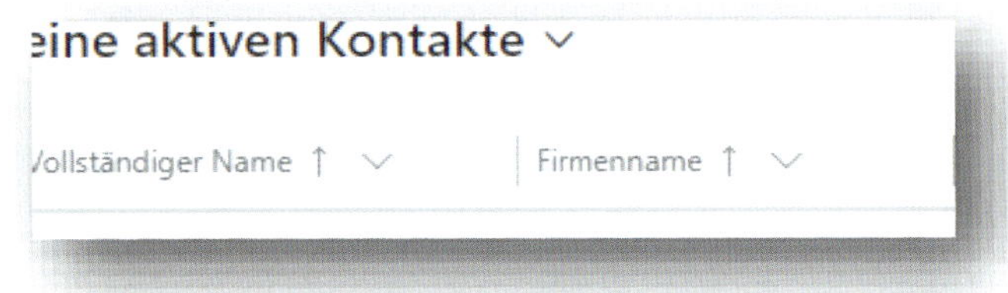

Screenshot 35: Verändern der Spaltenbreite in Ansichten mittels Doppelklick

Zu beachten: Wenn man Spalten von Hand zusammenzieht, kann man diese komplett verschwinden lassen.

Screenshot 36: Darstellung der Spalten ohne manuelle Korrektur

Screenshot 37: Scheinbar verschwundene Spalte "Firmenname" nach manueller Korrektur der Spaltenbreite (noch in der Version ohne Asterisk beim Ansichtsname)

Das ist dann hilfreich, wenn man die bestehende Ansicht nicht verändern möchte aber trotzdem Spalten außerhalb des Sichtbereiches (z. B. für einen Screenshot) einbeziehen möchte. Auch das lästige vertikale Scrollen entfällt, wenn man ein oder zwei Spalten vollständig zusammenzieht.

Für eine dauerhafte Lösung muss allerdings der Administrator des Systems die optimale Spaltenbreite einstellen.

Zuletzt gesehene Datensätze

★☆☆☆

Anwendungsfall: Öffnen von Datensätzen zur Überarbeitung, die heute bereits in Verwendung waren.

Herausforderung

Wenn ein Kunde zurückruft oder Sie Informationen zu einem bereits bearbeiteten Datensatz erhalten, muss dieser erst umständlich im System gesucht werden.

Lösung

Klicken Sie oben links unterhalb des CRM-Logos in den jeweiligen Bereich, um die zuletzt gesehenen Datensätze auswählen zu können.

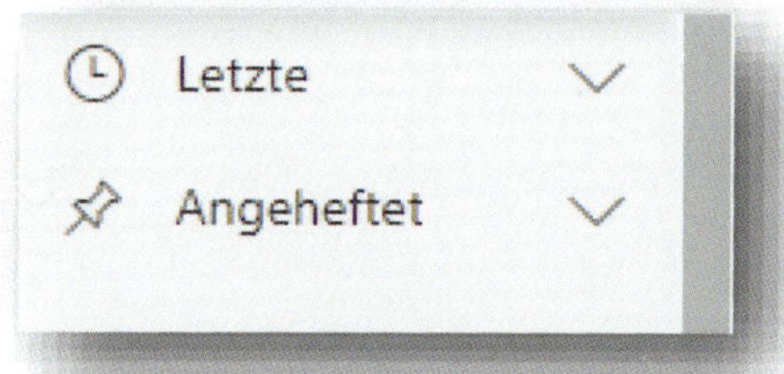

Screenshot 38: Zuletzt verwendete Datensätze

Wenn Sie Datensätze in der Rubrik *Angeheftet* sehen möchten, müssen Sie diese in der Rubrik *Letzte* anpinnen. Danach erscheinen sie in der Rubrik *Angeheftet*.

Screenshot 39: Anheften eines Datensatzes, einer Ansicht oder eines Dashboards

In der früheren Version des CRM war der Aufruf erst mit einigen Klicks verbunden.

Screenshot 40: Aufruf zuletzt bearbeiteter Datensätze in der veralteten Darstellung

Das ist in der aktuellen Version gut gelöst. Durch die Möglichkeit Datensätze zu pinnen, können z. B. Key Accounter dadurch ihre zu betreuenden Kunden leichter aufrufen.

Sortieren mehrerer Spalten

★★☆☆

Anwendungsfall: Sortieren von z. B. *Kontakten* nach dem *Firmennamen* und dem *Vollständigen Namen*.

Herausforderung

Es gibt keine Funktion, um die Sortierung für mehrere Spalten gleichzeitig zu aktivieren.

Lösung

Klicken Sie einfach in den ersten Spaltenkopf, um die Sortierung zu aktivieren. Klicken Sie z. B. neben den *Firmennamen*, um Firmen alphanummerisch, aufsteigend oder absteigend, zu sortieren.

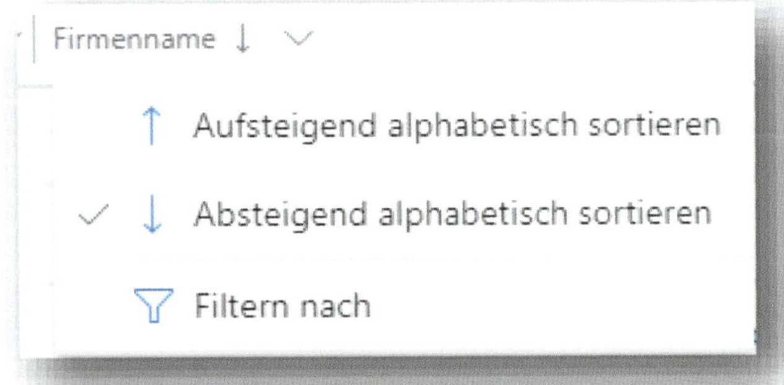

Screenshot 41: Aktivierung der Sortierfunktion in Spaltenüberschrift einer Ansicht

Halten Sie danach die Shift-Taste gedrückt und klicken Sie auf den Kopf einer anderen Spalte und danach die Sortierfunktion. Wenn Sie die Shift-Taste zu früh loslassen (z. B. nach der Auswahl der Spalte und vor Auswahlt der Sortierfunktion) funktioniert es nicht.

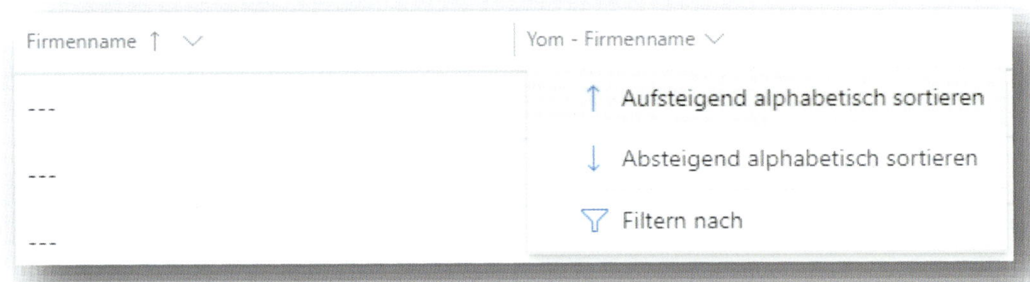

Screenshot 42: Aktivierung der Sortierfunktion in zweiter Spaltenüberschrift einer Ansicht

Klicken Sie erneut bei gedrückter Shift-Taste, um die Sortierreihenfolge zu ändern.

Massenbearbeitung

★★★☆

Anwendungsfall: Für mehrere meiner Ansprechpartner hat sich eine zentrale Information (z. B. die Adresse) geändert, die ich für alle aktualisieren möchte.

Herausforderung

Die Änderung betrifft nur ein paar meiner Kunden, es sind dafür aber mehrere Details (PLZ, Ort, Straße o. ä.) so dass ich nicht die Zwischenspeicher-Funktion verwenden kann.

Lösung

Wählen Sie in einer Ansicht die Datensätze aus, die Sie gleichzeitig bearbeiten möchten. Navigieren Sie dann oberhalb der Ansicht in die Menüleiste und wählen dort die Funktion Massenbearbeitung aus.

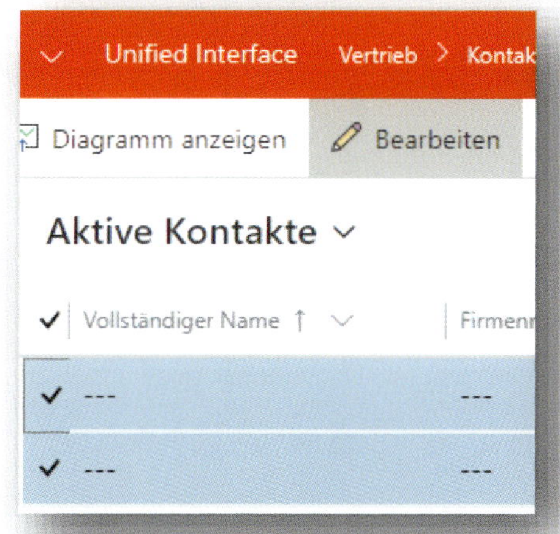

Screenshot 43: Auswahl der Massenbearbeitung

Danach öffnet sich eine Eingabemaske, die in diesem Fall aber ohne Feldeinträge geöffnet wird. Im Kopf der Eingabemaske erscheint die Anzahl der Datensätze, die sie ausgewählt haben. Da pro Ansicht maximal 250 Datensätze angezeigt werden können, ist das die größtmögliche Menge.

Navigieren Sie dann zu dem Feld dessen Inhalt Sie ändern möchten und geben Sie den neuen Wert ein bzw. wählen Sie ihn aus.

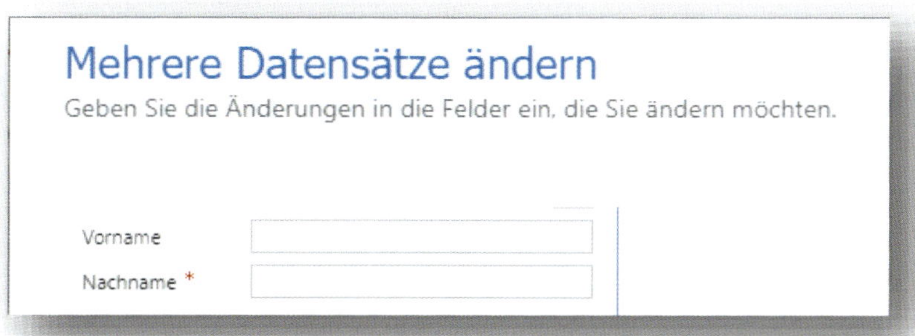

Screenshot 44: Eingabemaske für die Massenbearbeitung

Wenn Sie auf Speichern klicken, werden die Datensätze aktualisiert und das Fenster geschlossen.

Bitte beachten: Die Massenbearbeitung lässt sich nicht rückgängig machen!

Drucken eines Datensatzes

★☆☆☆

Anwendungsfall: Drucken des *Formulars* eines Datensatzes als Vorbereitung für einen Kundentermin.

Herausforderung

Unterwegs zu sein bedeutet manchmal keinen Internetzugang zu haben. Einen Screenshot z. B. der Firmenmaske als Vorbereitung für einen Termin zu drucken, sieht aber unschön aus oder ist umständlich.

Lösung

Öffnen Sie den Datensatz und klicken Sie mittels Rechtsklick in das Formular. Klicken Sie dort auf den Button *Drucken*.

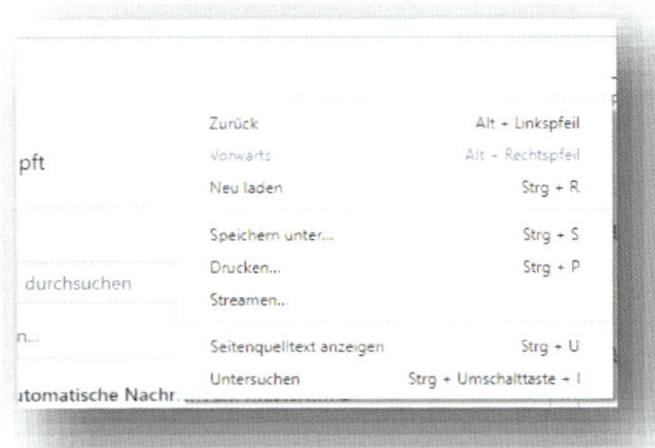

Screenshot 45: Drucken der Eingabemaske

Allerdings wird dann der gesamte Bildschirm gedruckt und nicht nur das Formular. Je nach gewähltem Papierformat (Hoch- oder Querformat) wird der entsprechende Bildschirminhalt gedruckt, allerdings inklusive der Navigation auf der linken Bildschirmseite, die entsprechend Platz wegnimmt.

Das ist leider eine Verschlechterung im Vergleich zur früheren Funktion und Microsoft hat keine Aktualisierung davon geplant. So sah es früher aus:

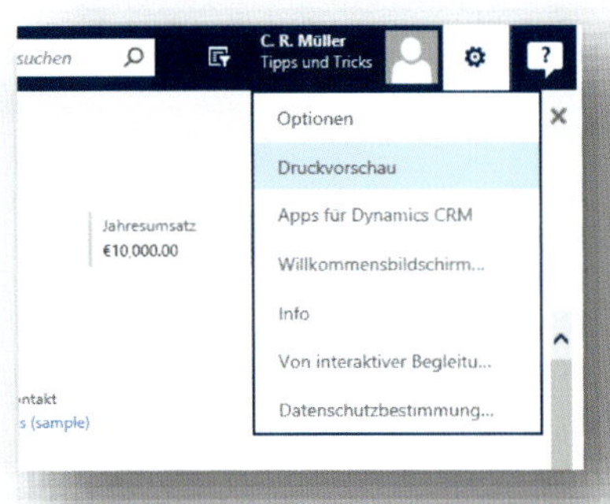

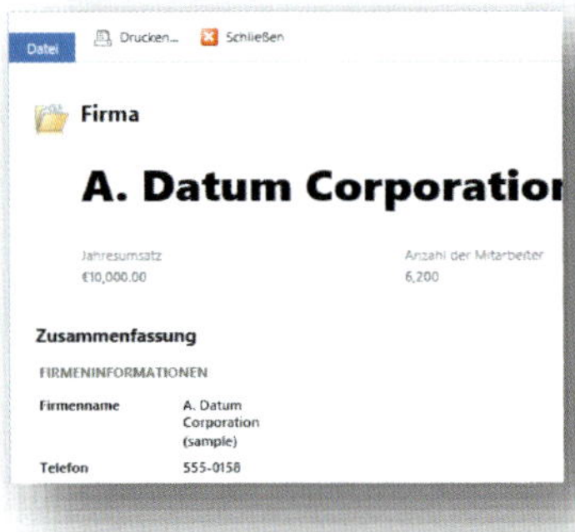

Screenshot 46: Druckvorschau bei Formulardruck

Um ein ähnliches Ergebnis wie im oben gezeigten, rechten Screenshot zu erreichen, kann man mit einem Klick auf dieses Symbol ≡ im Kopf der Navigationsleiste (ganz oben links) die Leiste nach links einklappen. Als letzte Alternative besteht ansonsten nur die Möglichkeit, vom Administrator Word Templates hinterlegen zu lassen und stattdessen diese Funktion zu nutzen.

Verwenden der Feldbeschreibungen

★☆☆☆

Anwendungsfall: Für manche der Felder wäre eine Kontexthilfe nötig, weil die Feldbeschreibung nicht aussagekräftig genug ist.

Herausforderung

Für Felder, die nicht oft verwendet werden, ist eine aussagekräftige Feldbezeichnung wichtig. Andernfalls ist nicht klar, welche Informationen dort genau eingetragen werden sollen. Es ist auch umständlich, ständig die Kollegen deswegen zu belästigen.

Lösung

Wenn Sie den Mauszeiger über der Feldbeschriftung platzieren und kurz warten, erscheint ein kleines Fenster mit einer Kontextbeschreibung. Diese Funktion wird auch *Mouseover* bzw. *Hoverbox* oder auch *Tooltip* genannt.

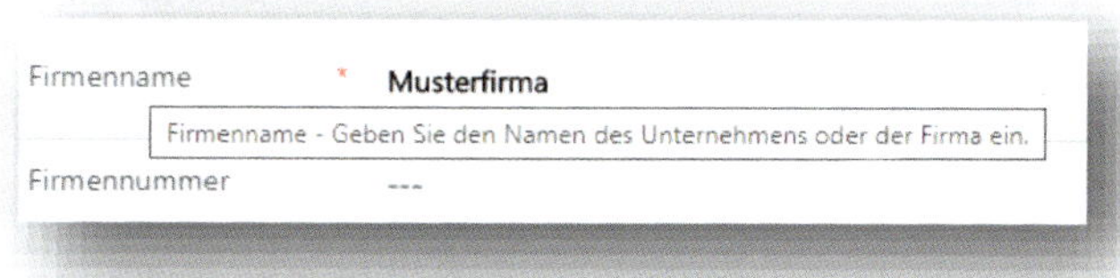

Screenshot 47: Aufruf der Feldbeschreibung für ein Feld

Für die Überflieger:

Die Feldbeschreibung ist für alle Systemfelder vorhanden. Für ihr Unternehmen (durch Ihren Administrator zur Abbildung der Geschäftsprozesse) angelegte Felder enthalten standardmäßig keine Kontextbeschreibung. Sollte also keine solche Beschreibung vorhanden sein, wird der Feldname in dem kleinen Fenster eingeblendet. Ideen für Feldbeschreibungen können Sie aber gern Ihrem Administrator zukommen lassen.

Navigieren zwischen Datensätzen aus einer Ansicht

★★☆☆

Anwendungsfall: Ich möchte Informationen in mehreren Datensätzen verändern. Die Änderungen sind individuell für jeden Datensatz und hängen vom Kontext ab. Daher muss jeder Datensatz einzeln bearbeitet werden.

Herausforderung

Es ist umständlich und zeitraubend, jeden Datensatz einzeln zu öffnen, um ihn zu bearbeiten.

Lösung

Öffnen Sie einen Datensatz aus der Ansicht per Doppelklick und klicken Sie dann auf das kleine Listensymbol oben links in der Befehlsleiste. Daraufhin wird eine minimierte Ansicht der Datensätze links neben der Eingabemaske eingeblendet, in der man die Datensätze der Hauptansicht nacheinander durchschalten kann.

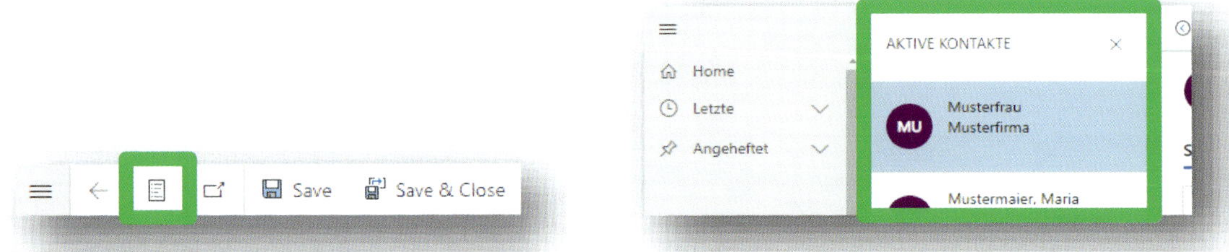

Screenshot 48: Durchschalten von Datensätzen nach Aufruf aus einer Ansicht

---

Für die Überflieger:

Das Symbol erscheint nur wenn es mindestens einen Datensatz in der Ansicht gibt.

Passende Daten in einem Suchfeld finden
★★☆☆

Anwendungsfall: Ich möchte einem Kontakt eine übergeordnete Firma zuordnen.

Herausforderung

Es werden mir in dem Feld...

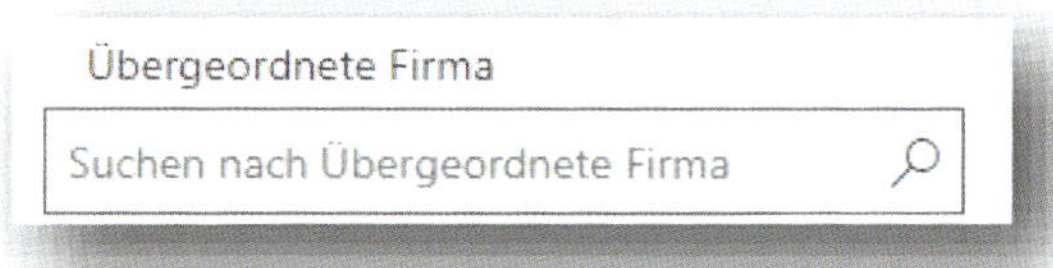

Screenshot 49: Angabe einer übergeordneten Firma für einen Kontakt

... nicht immer die Firmen angezeigt die ich sehen möchte. Entweder sind es zu viele Firmen oder nicht die Richtigen.

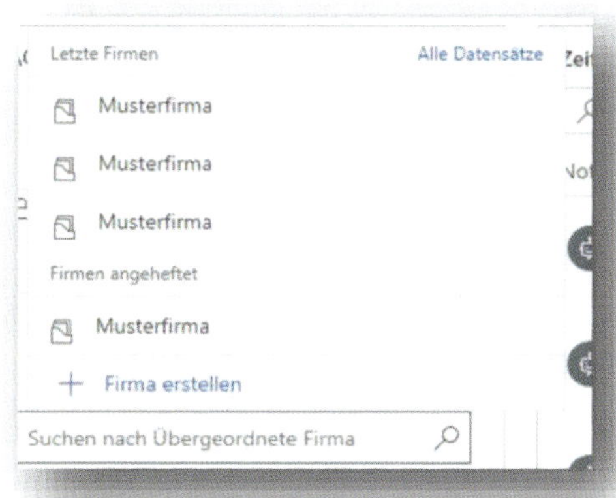

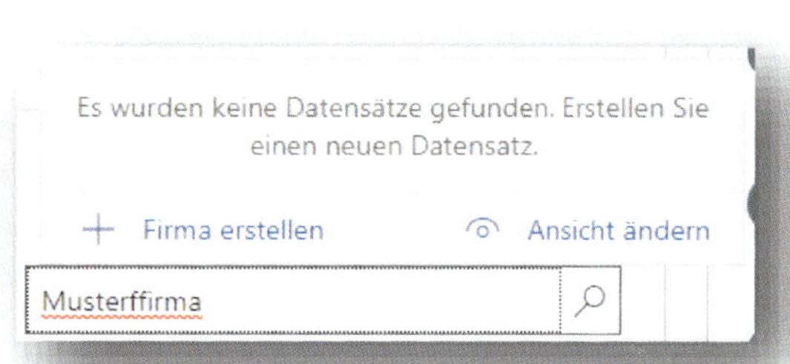

Screenshot 50: Suchmöglichkeit in einem Suchfeld

Lösung

Es gibt drei Lösungen, um zum Ziel zu kommen:

- Sie können nur den ersten bzw. die ersten paar Buchstaben eingeben. Das CRM verweist auf mehrere Suchergebnisse und zeigt Ihnen dann die betreffenden Firmen alphabetisch beginnend an. Hier ist weniger mehr.

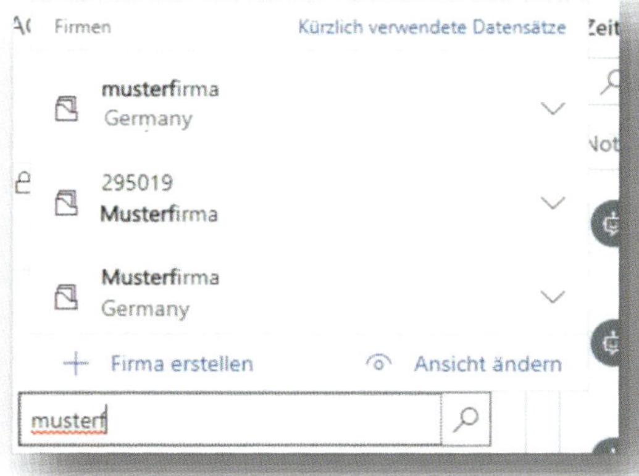

Screenshot 51: Eingabe von Textzeichen in einem Suchfeld für die Schnellsuche

- Sie können das Asterisk in dem Suchfeld verwenden. Das funktioniert auch in Verbindung mit den Feldern die als Suchfelder aktiviert sind. In diesem Beispiel hat die Firma *A. Datum Corporation (sample)* die Telefonnummer *555-0158* (siehe weiter oben). Bei Eingabe des Wertes **158* wird daraufhin die richtige Firma identifiziert, wenn z. B. das Feld *Übergeordnete Firma* mit der Tabtaste verlassen wird. Wenn das Feld für ihr CRM nicht als Suchfeld aktiviert ist, nehmen Sie stattdessen den Firmennamen.

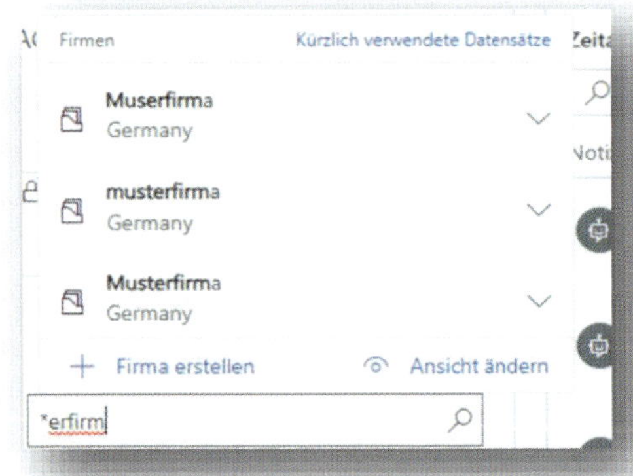

Screenshot 52: Verwenden des Asterisks in einem Suchfeld

- Klicken Sie auf das Lupensymbol und danach auf den blauen Button *Ansicht ändern* bzw. *Erweiterte Suche* (je nach CRM-Version). Dort können verschiedene Ansichten ausgewählt und eine Sortierung vorgenommen werden, was die Suche erleichtert.

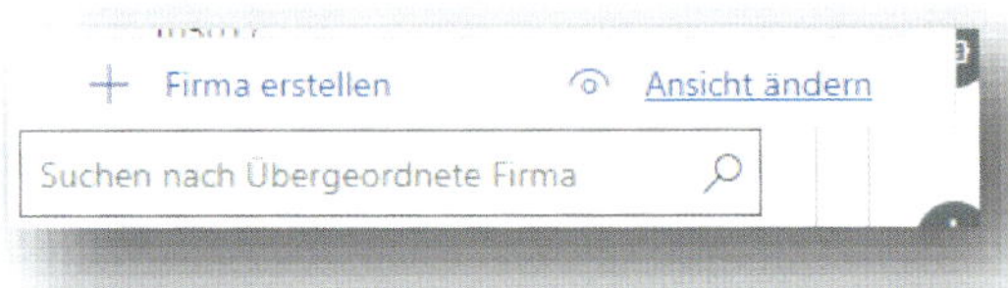

Screenshot 53: Suchmöglichkeit in einem Suchfeld über den Filter "Eigene Datensätze"

Zurück navigieren

★☆☆☆

Anwendungsfall: Aufrufen des zuletzt verwendeten Datensatzes.

Herausforderung

Wenn ich in einem untergeordneten Datensatz bin, z. B. in einem Kundenangebot, möchte ich nicht erst den Kunden umständlich aus der Navigationsleiste aufrufen, sondern wieder direkt zum Kundendatensatz zurückspringen.

Lösung

Es gibt drei Möglichkeiten, zurück zu navigieren. Die erste ist die Zurück-Funktion, welche nichts anderes macht als die gleiche Browser-Funktion aufzurufen. Zweitens reagiert das Dynamics CRM beim direkten Klicken auf den entsprechenden Button in der Navigation des Browsers (Zurück-Button oben links in der Ecke).

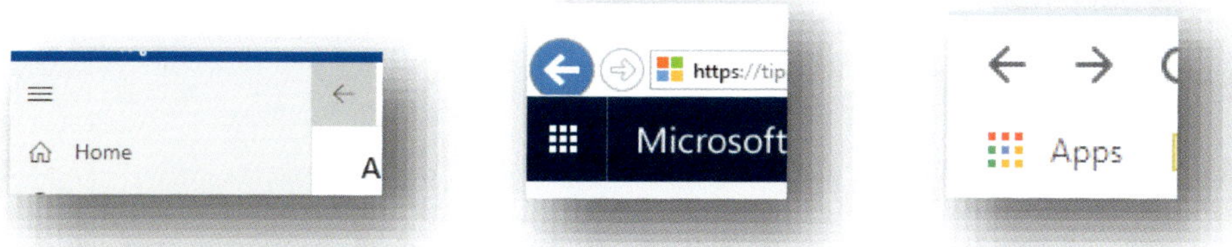

Screenshot 54: Browsernavigation im CRM, im Internet Explorer sowie im Chrom-Browser

Als dritte Option kann mit einem Rechtsklick in das Eingabeformular auch dort die Zurück-Funktion des Browsers aufgerufen werden, gleichzeitig wird im sich öffnenden Fenster die zugehörige Tastenkombination angezeigt (in Chrom).

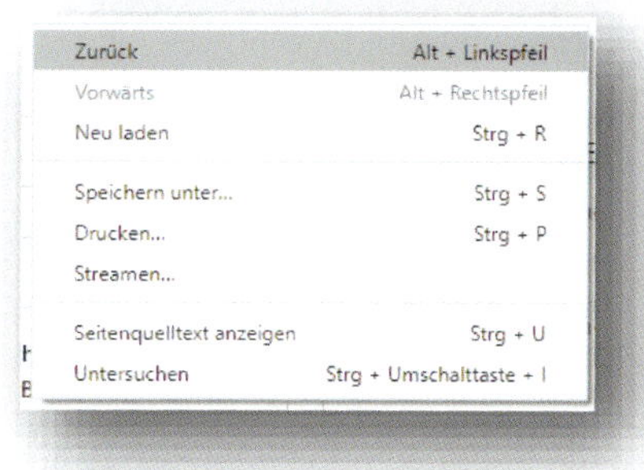

Screenshot 55: Zurück-Funktion des Browsers bei Rechtsklick in das Eingabeformular

Auswahl mehrerer Datensätze in einer Ansicht

★★☆☆

Anwendungsfall: Auswahl mehrerer Datensätze in einer Ansicht.

Herausforderung

Ich möchte verschiedene, aber nur wenige Datensätze einer Ansicht (z. B. 15 von 50) auswählen.

Lösung

Sie können die Zeilen einer Ansicht im CRM genauso markieren wie es in Excel möglich ist. Zum Markieren mehrerer, aufeinander folgender Datensätze können Sie den ersten mit einem einfachen Linksklick (ganz links in der Ansicht oder inmitten der Ansicht) markieren und bei gedrückter Shift-Taste den letzten Datensatz markieren. Alle Datensätze dazwischen werden dann markiert.

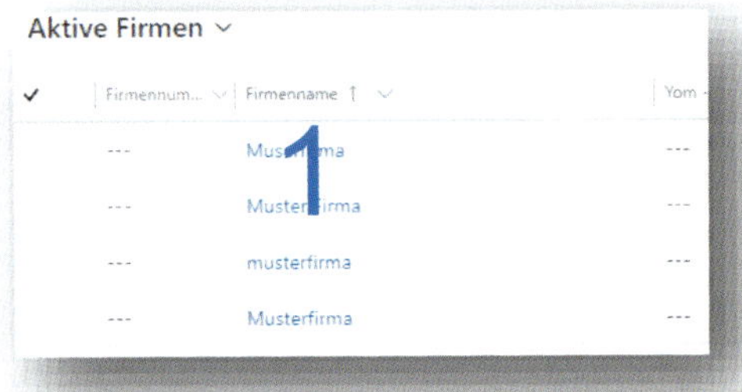

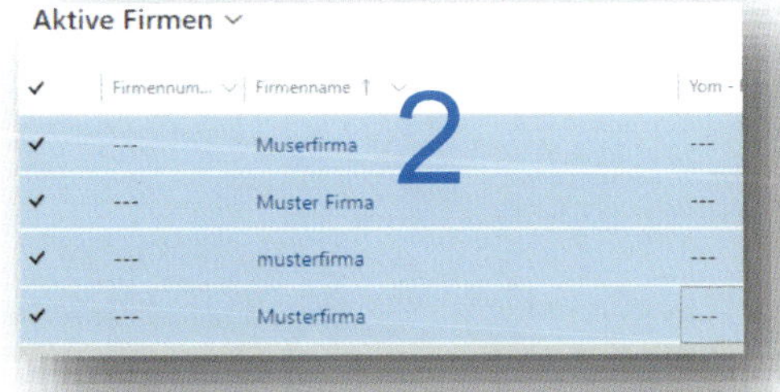

Screenshot 56: Markieren mehrerer Datensätze in einer Ansicht mit der Shift-Taste

Zum Markieren einzelner Datensätze markieren Sie den ersten mit einem einfachen Linksklick. Dann markieren Sie alle weiteren einzelnen Datensätze bei gedrückter Strg-Taste.

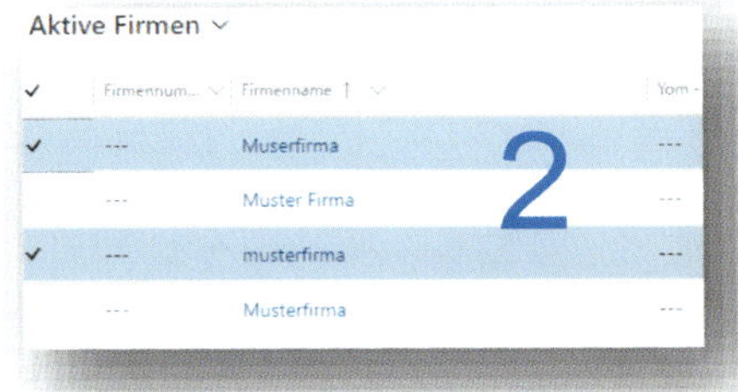

Screenshot 57: Markieren mehrerer Datensätze in einer Ansicht mit der Strg-Taste

Sie können die beiden Funktionen auch kombinieren.

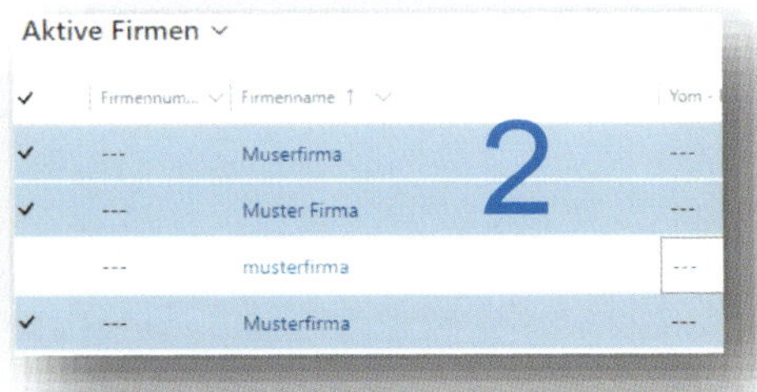

Screenshot 58: Markieren mehrerer Datensätze in einer Ansicht mit der Shift- und Strg-Taste

Die Markierung mit der Shift-Taste muss dabei immer vor der Markierung mit der Strg-Taste geschehen, weil sonst alle Datensätze im Zwischenraum ebenso markiert werden.

Zusammenführung von Kontakten bei Duplikat Warnung
★☆☆☆

Anwendungsfall: Ich möchte einen neuen Datensatz anlegen und dabei Duplikate vermeiden.

Herausforderung

Bei einem neu angelegten Datensatz kommt eine Duplikat Warnung und das System zeigt mir alle potentiellen Duplikate an.

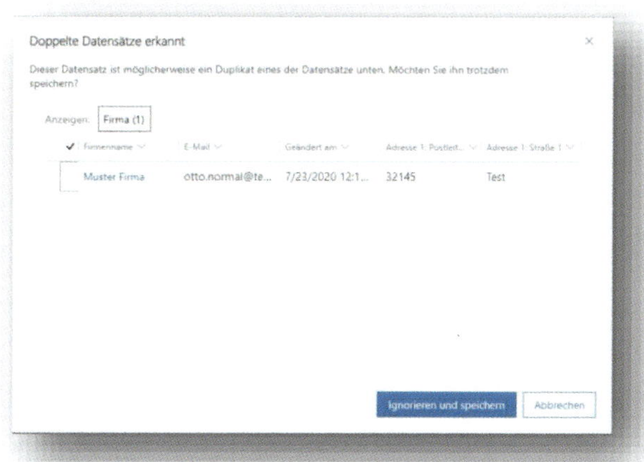

Screenshot 59: Fenster bei Duplikat Warnungen

Ich kann aber meinen Datensatz nicht direkt mit den angezeigten Duplikaten zusammenführen. Ich muss den neuen Datensatz speichern und kann erst dann eine Zusammenführung machen.

Lösung

Der Grund liegt in einer einfachen technischen Restriktion: Denn die Duplikat Warnung informiert Sie bereits über ein potenzielles Duplikat bevor es Ihren neuen Datensatz speichert. Das bedeutet er existiert noch nicht in der Datenbank. Deshalb können Sie ihn nicht mit einem anderen, bereits existierenden Datensatz zusammenführen, weil dafür beide real angelegt sein müssten.

Idealerweise, so die Idee dahinter, haben Sie vorher mit der Suchfunktion des CRM nach einem Duplikat gesucht und vermeiden so Doppeleingaben. Denn dieses Informationsfenster ist eher für die Fälle gedacht, wenn ein existierender Datensatz z. B. um eine E-Mail erweitert wird und infolge dessen eine Dopplung erkannt wird.

Was bedeutet der Status „Pflichtfeld"?

★★★☆

Anwendungsfall: Ich kann einen Datensatz nicht abspeichern, wenn ein Pflichtfeld leer ist. Wenn ich Datensätze aber per Excel-Online bearbeite bzw. erstelle, ist es möglich das Feld leer zu lassen.

Herausforderung

Das Systemverhalten erscheint nicht konsistent bzw. führt zu Fehlern, wenn Anwender Pflichtfeldeingaben umgehen können.

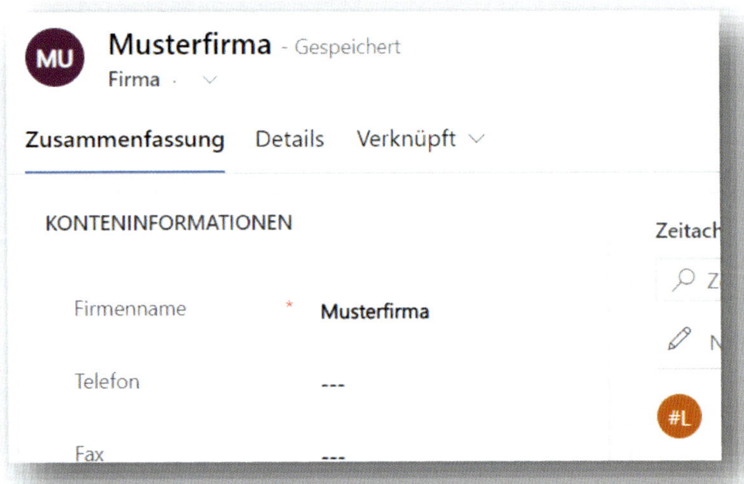

Screenshot 60: Angelegter Datensatz mit ausgefülltem Pflichtfeld

Über Excel-Online ist es z. B. möglich, eine Firma ohne Firmenname anzulegen.

Nachdem die Firma im Excel-Online eingetragen, abgespeichert…

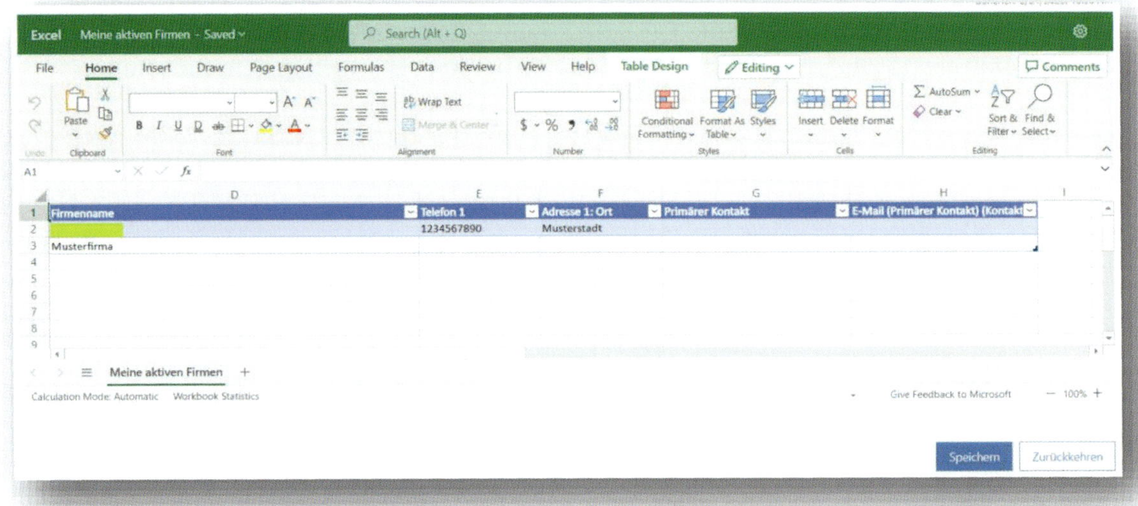

Screenshot 61: Anlage einer Firma in Excel-Online ohne Firmenname

... und importiert wurde...

Screenshot 62: Import einer Exceldatei mit Firma ohne Firmenname

...erscheint sie mit leerem Firmenname in der Ansicht...

Screenshot 63: Ansicht mit Firma ohne Firmennamen

... und im Formular.

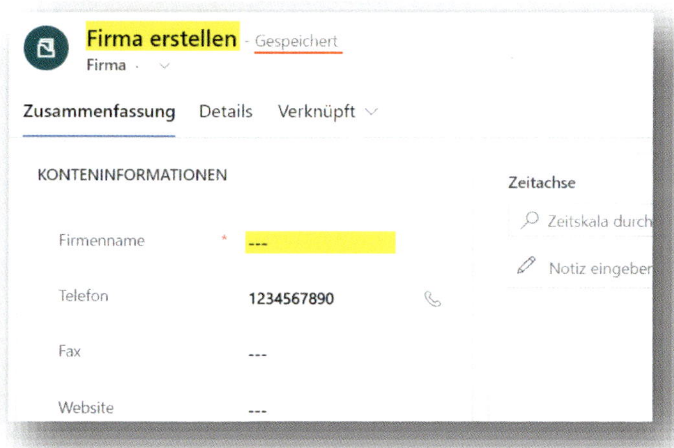

Screenshot 64: Gespeicherter Firmendatensatz ohne Firmenname trotz Pflichtfeldmarkierung

Lösung

Dieses Verhalten ist vom Hersteller so gewollt, auch wenn es in der Oberfläche für die Anwender zu Verwirrung führt. Der Begriff Pflichtfeld bezieht sich nur auf die Eingabe für die Anwender, aber nicht auf die Relevanz der Feldinhalte für die Verarbeitung durch das CRM-System.

Microsoft unterscheidet hier zwischen der Möglichkeit Anwender in der Datenanlage und -verarbeitung zu unterstützen (die primäre Zielsetzung des CRM-Systems) und den Betrieb, der die Datenverarbeitung innerhalb des Systems und im Systemverbund, zu gewährleisten.

Zur detaillierten Erklärung: Wenn ein Feld als Pflichtfeld markiert ist, bedeutet dies, dass es **geschäftsprozessrelevant** ist. Es ist deshalb aber nicht **systemrelevant** (auch solche Felder gibt es). Systemrelevante Felder dürfen nicht leer sein, weil das System sonst seine Transaktionen nicht durchführen kann. Es ist den Administratoren aber nicht möglich, ein Feld als systemrelevant zu markieren, das kann nur die Produktgruppe des CRM von Microsoft[22]. Es gibt aber Anpassungsmöglichkeiten um ein gleiches Systemverhalten zu erreichen (siehe am Ende dieses Abschnittes).

Meist wird dies von Anwendern als Nachteil wahrgenommen, bietet aber auch verschiedene Vorteile die in der folgenden Tabelle kurz beleuchtet werden sollen.

Tabelle 12: Vergleich von Pflichtfeldern und ihrem Status

Pflichtfeldstatus	**Nachteil**	**Vorteil**
Geschäftsprozess-relevant	• Führen zur Verwirrung durch Unterschiede Fomular vs. Excel-Online & Schnittstelle	• Können in Formularen unterschiedlich eingestellt werden: o In Formular A als Pflichtfeld, in Formular B nicht o In Formular A nicht als Pflichtfeld, aber im Geschäftsprozessfluss für Formular A als Pflichtfeld • Regionale Unterschiede können abgefangen werden (siehe Beispiel) • Schnittstellenübertragungen können funktionieren ohne die Feldinformation
Systemrelevant	• Können nicht umgestellt werden zu *Geschäfts-prozessrelevant* oder *Optional*.	• Sichern die Funktionalität des Systems ab: Z. B. sind die Felder *Besitzer* (engl. *Owner*) oder *Status* systemrelevant, u. a. deshalb weil darüber die Berechtigungen (Feld Besitzer) vergeben oder Schnittstellenübertragungen ermöglicht werden

Hier noch ein kurzes Beispiel für die Anwender.

Meist ist der Nachname bei den Kontakten als Pflichtfeld markiert. Für westliche Nationen ist dies auch immer zutreffend, für östliche Kulturen (insbesondere Asien) keineswegs. Dort gibt es oft keine Trennung zw. Vor- und Nachname, sondern höchstens zwischen Name (ganzer Name) und dem Rufnamen (oft ausgedacht).

Insbesondere bei internationalen Projekten mit MS-CRM muss dieser Unterschied berücksichtigt werden. Das soll am Beispiel auf der folgenden Seite erklärt werden.

---

22 Für Administratoren: Die Einstellung als"Business required" läuft nur client-seitig aber berücksichtigt keine Datenbankvalidierung. Aus Entwicklersicht wäre der Wert „Application required" daher treffender.

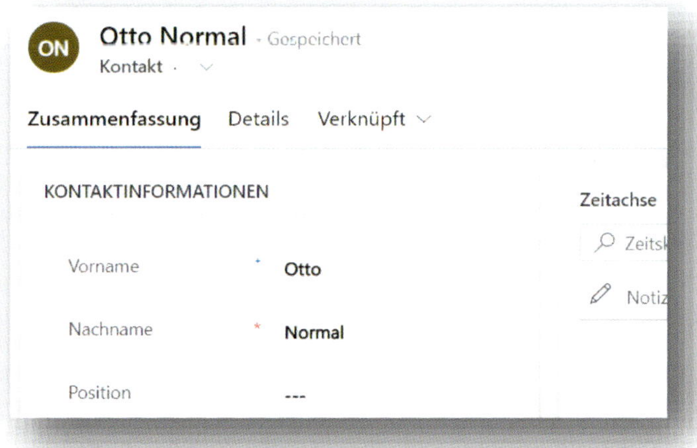

Screenshot 65: Kontakt mit dem Feld Nachname als Pflichtfeld

Da beim Kontakt das Feld Nachname „nur" Geschäftsprozessrelevant (nicht systemrelevant) ist, wäre folgendes Beispiel möglich:

1. Auf einem extra Formular für die Anwender einer östlichen Region ist das Feld nicht als Pflichtfeld festgelegt.
2. Für die Anwender einer westlichen (oder westlich geprägten) Region ist das Feld auf dem Formular ein Pflichtfeld.

Die Konsequenz: Wenn nun ein Mitarbeiter keinen Zugriff auf das Formular von asiatischen Kollegen haben soll, könnte er trotzdem einen asiatischen Ansprechpartner für eine von ihm/ihr betreute Firma über Excel-Online anlegen. Gleichzeitig wäre es möglich, dass z. B. asiatische Ansprechpartner ein Kundenprofil auf einer Webseite anlegen, ohne gezwungen zu sein ihren Namen aufzuteilen, und dieser per Schnittstelle in das MS CRM übertragen wird, ohne dass die Datenbank einen Wert in Feld *Nachname* erfordert.

Lösungshinweis: Wenn ein Feld systemrelevant sein soll, dann kann es als Schlüsselfeld durch den Administrator definiert werden. Diese Anpassung verhindert eine Anlage des Datensatzes mit leeren Feldinhalten, weil die in der Datenbank verarbeitet werden. Auch durch einen Workflow oder Plugin kann das Feld als speicherrelevant für die Datenbank eingestellt werden.

Es muss dabei aber berücksichtigt werden, dass Übertragungen von Daten über die Schnittstelle ohne diese Information dann nicht mehr möglich sind (siehe Beispiel).

Übersicht aller Aktivitäten

★★☆☆

Anwendungsfall: Ich benötige eine genaue Übersicht der Aktivitäten die für mich, bzw. die von mir betreuten Kunden, wichtig sind.

Herausforderung

Es scheint mehrere Übersichten für die Aktivitäten zu geben, die jeweils unterschiedlich sind. Gelegentlich fehlen mir in den versch. Übersichten auch Informationen, von denen ich aber weiß dass sie eigentlich da sind.

Lösung

Um das Aktivitätenmanagement im Microsoft Dynamics CRM zu verstehen, ist eine Unterscheidung hilfreich. Denn wenn von Aktivitäten gesprochen wird, werden darunter meist die verschiedenen *Typen von Aktivitäten* verstanden.

- ☐ Anfrageabschluss
- ☐ Angebotsabschluss
- ☐ Antwort für Customer Voic...
- ☐ Aufgabe
- ☐ Auftragsabschluss
- ☐ Brief
- ☐ E-Mail
- ☐ Einladung für Customer Vo...
- ☐ Fax
- ☐ Kampagnenaktivität
- ☐ Kampagnenreaktion
- ☐ Message
- ☐ PointDrive Presentation Vie...
- ☐ Schnellkampagne
- ☐ Social Media-Aktivitäten
- ☐ Telefonanruf
- ☐ Termin
- ☐ Terminserie
- ☐ Verkaufschancenabschluss
- ☐ inMail

Screenshot 66: Übersicht aller Standard-Aktivitätstypen

Zusätzlich zu der im Eingangsteil beschriebenen Funktion *Erweiterte Suche* gibt es zwei Möglichkeiten, zu einer Übersicht relevanter Aktivitäten zu gelangen.

<u>Alle Aktivitäten</u>

Wenn Sie alle Aktivitäten durchsuchen möchte, navigieren Sie mittels der Navigationsleiste auf der linken Seite z. B. in das Modul *Vertrieb* und von dort aus in die Übersicht der *Aktivitäten*.

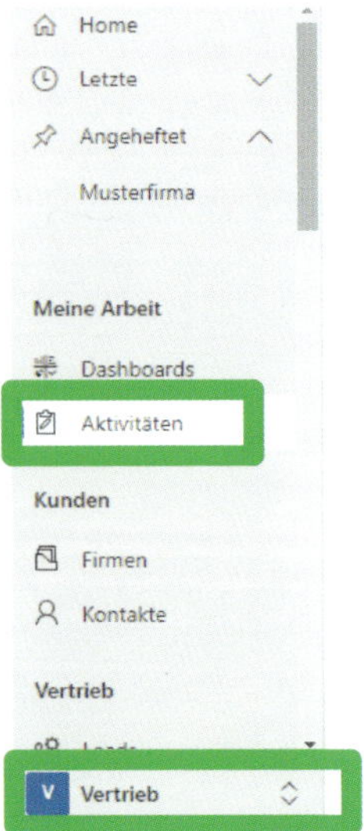

Screenshot 67: Aufruf der Übersicht aller Aktivitäten in der Navigationsleiste

Die sich öffnende Ansicht besteht aus Spalten, die für alle Aktivitätstypen gleich sind. So können in der Ansicht verschiedene Aktivitätstypen, z. B. Aufgaben und Termine, zusammen angezeigt werden.

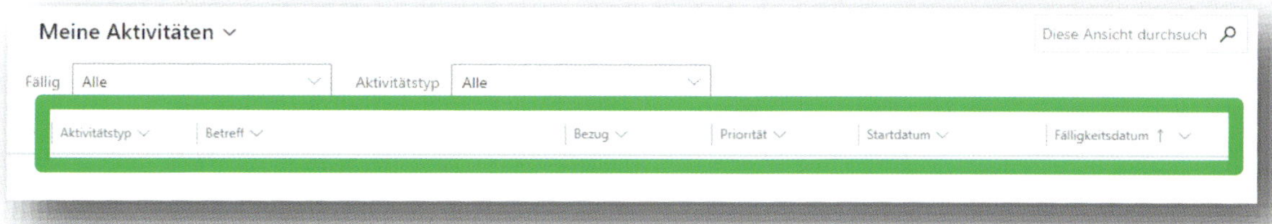

Screenshot 68: Darstellung von Datensätzen verschiedener Aktivitätstypen in einer Ansicht

Im Umkehrschluss bedeutet das: Wenn es für einen Aktivitätstyp (z. B. E-Mail) ein zusätzliches Feld gibt das es für andere Aktivitätstypen nicht gibt, z. B. das Cc-Feld, kann es in der Ansicht mit anderen Aktivitätstypen nicht zusammen angezeigt werden.

Die Ergebnisse der Ansicht können über drei selbsterklärende Einstellungen limitiert werden. Es kann nach der Ansicht, Fälligkeitsdatum und Aktivitätstyp unterschieden werden:

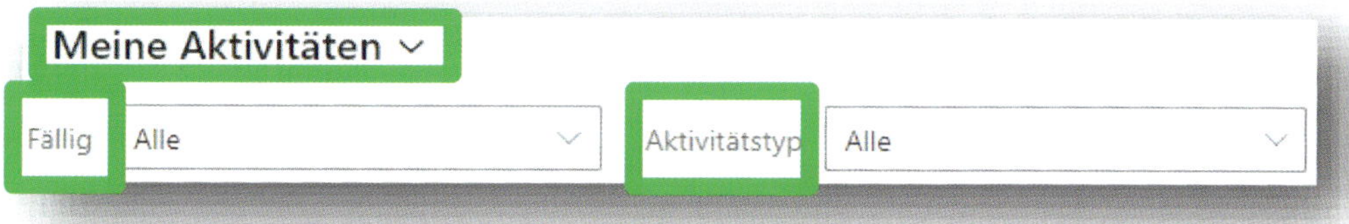

Screenshot 69: Aufruf aller Ansichten für die Standard-Aktivitätstypen

<u>Firmenbezogene Aktivitäten</u>

Um zu dieser Ansicht zu gelangen, muss ein Firmendatensatz geöffnet werden. Wenn der Datensatz geöffnet ist, gelangt man mit zwei Klicks zu der Übersicht der Aktivitäten.

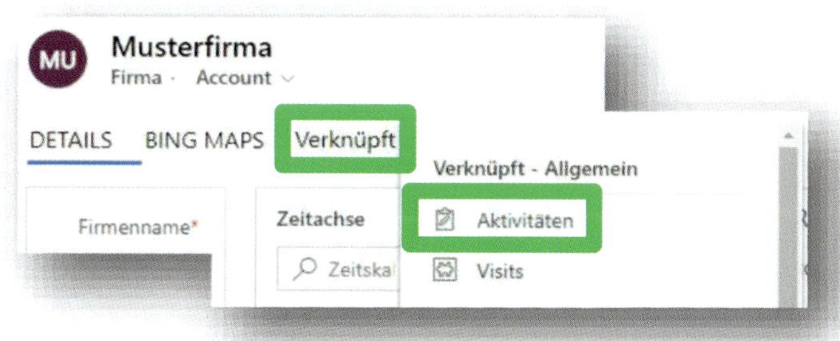

Screenshot 70: Aufruf von firmenbezogenen Aktivitäten in der Navigationsleiste

Hier gibt es eine zusätzliche Einstellungsmöglichkeit im Vergleich zur generellen Übersicht.

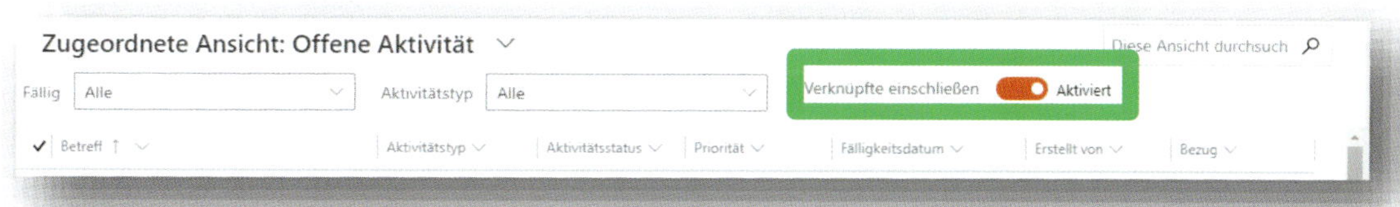

Screenshot 71: Filteroptionen für die Darstellung von firmenbezogenen Aktivitäten

Im Unterschied zu der Übersicht Alle Aktivitäten sind bei den Firmenbezogenen Aktivitäten extra erstellte Ansichten für die zugeordneten Datensätze auswählbar. Während bei Alle Aktivitäten für die hauptsächlich genutzten Aktivitätstypen jeweils ein paar Ansichten vorhanden waren (z. B. Meine gesendeten Emails oder Meine Termine), gibt es hier zusätzliche, alle Aktititätstypen umfassende Ansichten wie *Geplante Aktivitäten* oder *Aktivitäten meines Teams.*

Die nächste Filtermöglichkeit entspricht dem zweiten Filter aus der ersten Suche, nämlich nach dem Fälligkeitsdatum.

Dann gibt es den vierten Filter. Mit der Auswahlmöglichkeit wird unterschieden, welche der zugeordneten Aktivitäten angezeigt werden sollen. Wurde die Aktivität über ein Parteilistenfeld zu der Firma zugeordnet, sprich die Aktivität wurde mehreren Datensätzen und u. a. auch dieser Firma zugeordnet, dann erscheint die Aktivität mit der Einstellung *Aktiviert.* Sollen nur direkt und allein zur Firma zugeordnete Aktivitäten angezeigt werden, kann die Funktion deaktiviert werden.

Screenshot 72: Filterung nach Parteilistenfeld- oder Direktzuordnung einer Aktivität

Für die Anwender die noch eine ältere CRM-Version verwenden:

Bis Version 9: **Neu seit Unified Interface:**

Bis Version 9 war die Detaillierung teilweise höher, ist dafür jetzt aber leichter zu handhaben:

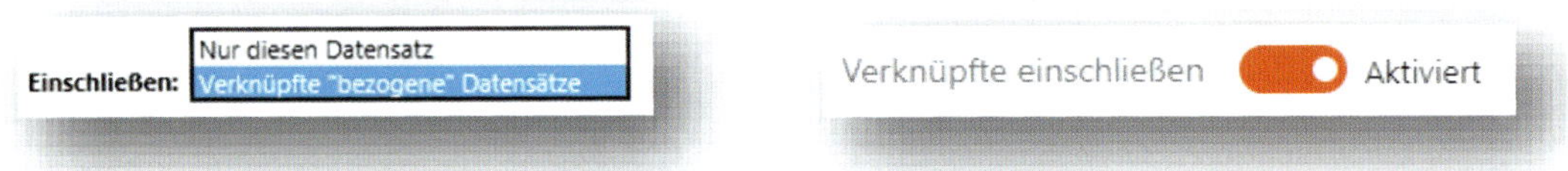

Screenshot 73: Filteroptionen für die Darstellung von firmenbezogenen Aktivitäten

Bis Version 9 gab es noch eine unterschiedliche Benennung, die jetzt vereinheitlicht wurde:

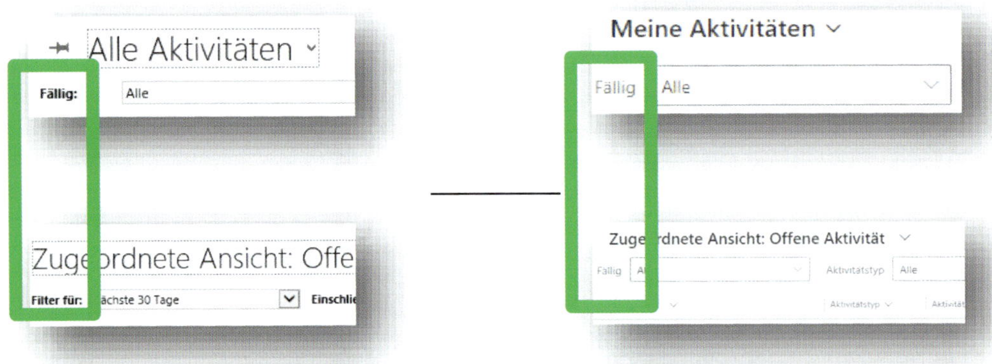

Screenshot 74: Filterung nach Fälligkeitsdatum bei den Übersichten der Aktivitäten

Verwendung von Feldern in der Kopfzeile

★★☆☆

Anwendungsfall: Anlegen eines Datensatzes im Browser vs. Smartphone-App

Herausforderung

Wenn ich einen Datensatz auf dem Smartphone anlege, erscheinen ganz oben andere Felder, als wenn ich über den Browser arbeite.

Lösung

Seit Oktober 2020 hat sich an der Darstellung der Felder in der **Kopfzeile** etwas verändert. Wo vorher nur vier Felder platziert werden konnten, sind es jetzt mehr. Es sind aber nicht alle Felder immer sofort zu sehen, sondern manche müssen erst über einen Klick (auf den kleinen Pfeil rechts daneben) angezeigt werden.

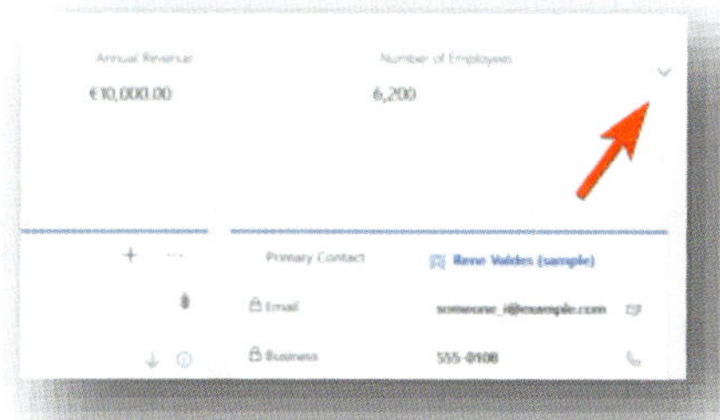

Screenshot 75: Anzeige zusätzlicher Kopfzeilen-Fenster in der Eingabemaske[23]

Nicht alle Anwender bemerken diese Felder in der täglichen Arbeit. Deshalb sind sie irritiert, wenn auf dem Smartphone plötzlich andere Felder ganz oben angezeigt werden als sie es gewohnt sind. Oder sie sind gewohnt das vier Felder oben erscheinen, in der App sind aber mehr vorhanden.

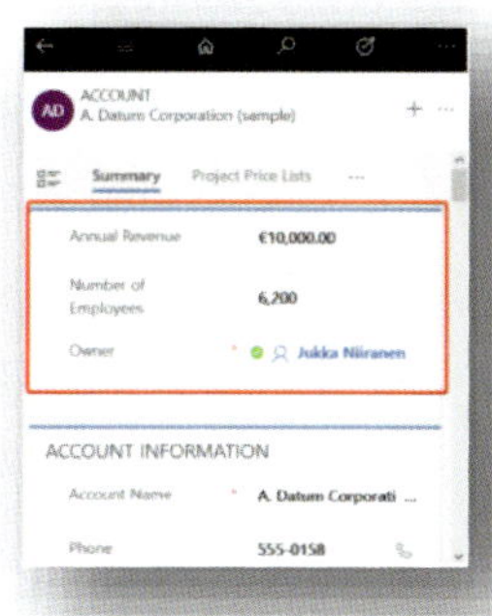

Screenshot 76: Darstellung der Kopfzeilenfelder in der App[24]

Um Irritationen beim Anwender zu vermeiden, ist es wahrscheinlich hilfreich, wenn die Administratoren diese Funktion nicht exzessiv ausnutzen. Dann aber scheint sie logisch und hilfreich. Als ergänzender Hinweis: Die Fußzeile ist mittlerweile vollständig in die Zeile mit dem Datensatzstatus gewandert. Hier gilt derselbe Hinweis an die Administration, aus Platzmangel nicht zu viele Felder aufzunehmen. Dann nämlich sieht es im Browser nicht mehr schön aus, weil kaum genügend Platz vorhanden ist. Was aber noch hinzukommt ist der Fakt, dass die Zeile auf mobilen Geräten gar nicht angezeigt wird.

---

23 Quelle: https://jukkaniiranen.com/2018/07/unified-interface-form-design-notes/

24 Ebda.

Kommunikatives CRM

Betrachtet man die wissenschaftliche Behandlung des Themas, gibt es aktuell eine weitverbreitete Dreiteilung in das operative, kommunikative und analytische CRM. Allerdings umfasst das Verständnis des kommunikativen CRM gleichzeitig auch das kollaborative CRM, das hier getrennt davon behandelt wird weil der Datenaustausch mit Partnern auf Datenbankebene stattfindet und nicht immer kommunikative Aspekte als Inhaltsschwerpunkt hat, wie es vorwiegend im Marketing im Fokus steht.

Das kommunikative CRM konzeptioniert das Management der Kommunikationskanäle und die ablaufende Interaktion mit dem Kunden mit dem Ziel der Effektivitätssteigerung. Prägende Kriterien sind die Erreichbarkeit und das Vertrauen der Kunden darin sowie die benötigte Zeit für einen qualitativ hochwertigen, aber mit niedrigen Transaktionskosten einhergehenden Austausch beider Beteiligten. Im Fokus stehen die Optimierung und Effizienzsteigerung des Austausches über alle verfügbaren Kanäle. In den Definitionen ist meistens von einer bidirektionalen Kommunikation zwischen Kunde und Anbieter die Rede, die in Zeiten von Social Media allerdings in Frage gestellt werden kann da dort von einem größeren Teilnehmerkreis auszugehen ist. Erreicht werden soll eine ganzheitliche Abbildung des Kundenbildes durch Synchronisation der Kundenkommunikation, die aus den kundenbezogenen Informationen aus den verschiedenen Kanälen besteht. Diese Multikanalkommunikation konfrontiert viele Unternehmen mit der Problematik, dass Kunden den Kanal zu jeder Zeit selbst aussuchen, um an das Unternehmen heranzutreten. Das Ziel ist es, kompetente und schnelle Hilfe auf Fragen der Anwender liefern zu können. Die Bereitstellung orientiert sich in Richtung Kunde, kann aber bei Gewährleistungsfällen auch intern verwendet werden, um eine Abschätzung für mögliche Garantiezusagen zu ermöglichen.

Automatisierte E-Mail-Response-Systeme und neuerdings Chatbot-Kommunikation (automatisierte Mensch-Assistenz-Computer-Interaktion über definierte Inhalte mittels Texteingabe und Sprache) werden unter Kostenaspekten immer mehr Relevanz bekommen. Schon heute tendieren viele Unternehmen dazu, dass ihre Kunden die Information selbst auf der Internetseite finden, anstatt mit dem Call-Center zu interagieren.

Unterschiede zwischen Marketingsegmenten und -listen

★★☆☆

Anwendungsfall: Mit Einführung des Marketingmoduls gibt es über die **Segmente** neue Möglichkeiten, Kunden anzuschreiben. Scheinbar gibt es aber noch die **Marketinglisten** von früher. Mir ist nicht genau klar, wo der Unterschied liegt.

Herausforderung

Unterstützter Vorgang	Statisches Segment	Dynamisches Segment	Statische Marketingliste	Dynamische Marketingliste
In Kundenkontaktverlauf verwenden	Ja	Ja	Nur Abonnementliste	Nein
In Kampagne/Schnellkampagne verwenden	Nein	Nein	Ja	Ja
In ein Segment einfügen	Ja (zusammengesetztes Segment)	Ja (zusammengesetztes Segment)	Ja	Nein
Im Abonnementcenter anzeigen	Nein	Nein	Nur Abonnementliste	Nein
Abfrageninteraktionsdatensätze vom Marketing Insights-Dienst	Nein	Ja	Nein	Nein
Zur Aktivierung live schalten	Ja	Ja	Nein	Nein
Wird in den Marketing Insights-Diensten ausgeführt	Ja	Ja	Nein	Nein
Hinzufügen/Entfernen eines Kontakts beim Anzeigen des Kontaktdatensatzes	Ja	Nein	Ja	Nein
Resultierende Entitäten	Nur Kontakte	Nur Kontakte	Kontakte, Leads oder Firmen	Kontakte, Leads oder Firmen

Screenshot 77: Vergleich Marketingsegmente mit Marketinglisten aus der Microsoftdokumentation[25]

Die Herausforderung besteht darin, zu verstehen, welche Funktion die richtige für mein jeweiliges Vorhaben ist.

Lösung

Microsoft schreibt selbst, dass das Marketingmodul sich hauptsächlich der Segmente als neue Funktion bedient. Diese können, um die wichtigste Neuerung gleich herauszustellen, nur auf Kontakte angewendet werden.

Wer das Marketingmodul nicht anwendet und stattdessen z. B. das Vertriebsmodul, kann noch auf die Marketinglisten zurückgreifen, welche als Marketingfunktion noch in einigen Dynamics 365-Apps verfügbar sind. Diese können sowohl Leads als auch Firmen neben den Kontakten adressieren.

[25] Quelle: https://learn.microsoft.com/en-us/dynamics365/marketing/segments-vs-lists bzw. https://learn.microsoft.com/de-de/dynamics365/marketing/segments-vs-lists

Bei Verwendung der Segmente können im Anschluss die Marketing Insights verwendet werden, welche Kontaktverläufe und Ereignisse detailliert aufführen, wie es nur für persönlich adressierte Datensätze wie Kontakte möglich ist – bei Leads ist unklar ob sich eine Firma dahinter verbirgt und Firmen verhalten sich nicht wie Kontakte.

Marketingsegmente:

- Insights-Dienste liefern detaillierte Auswertungen über den Kontaktverlauf
- Flexible Reaktionen im Laufe des Kontaktverlaufes möglich

Marketinglisten

- Marketinglisten können für (Schnell-)Kampagnen verwendet werden
- Sie müssen nicht aktiviert werden

Aus den Marketingsegmenten ergibt sich ein Vorteil gegenüber den Marketinglisten, der sich nur unterschwellig aus den oben genannten Punkten und der Übersicht ganz oben ableiten lässt. Es können versch. Segmente gemischt werden, was es einfacher macht z. B. Bestandskunden aus Informationen für Neukundenansprachen herauszufiltern. In den Marketinglisten musste dies entweder vorab berücksichtigt werden (Dynamische Listen) oder aber die Listen jedes Mal neu erstellt werden (Statische Listen), was jeweils mit sehr viel Aufwand verbunden war.

Auch hinsichtlich der Auswertbarkeit ergibt sich ein Vorteil bei den Marketingsegmenten. Sie werden asynchron ausgewertet und die Ergebnisse dargestellt. Für Marketinglisten muss dies synchron durch den Benutzer erfolgen und bringt ggf. Performanceeinbußen mit sich.

Aufnahme von Marketinglistenmitgliedern ohne Merkmale

★★★★

Anwendungsfall: Ich möchte im Rahmen einer Marketingliste (nicht Segment, siehe vorherigen Abschnitt) eine bestimmte Zielgruppe hinzunehmen.

Herausforderung

Die Verwaltung der Marketinglistenmitglieder ist mitunter schwer zu verstehen.

Ich möchte z. B. Kontakte, die bestimmte Kriterien erfüllen bzw. nicht erfüllen, jeweils als Mitglieder zu einer Marketingliste hinzufügen bzw. von dort entfernen.

Im konkreten Beispiel geht es darum alle aktiven Kontakte aus dem Ort Bielefeld mit Kommunikation via Email in den letzten 6 Monaten zu behalten, aber keine Personen anzuschreiben, die in einem bestimmten PLZ-Bereich wohnen.

Lösung

Sie müssen dazu in zwei Schritten vorgehen:

1. Zuerst müssen Sie alle Kontakte zu einer Marketingliste hinzufügen die potenziell, also ohne die Ausschlusskriterien, in Frage kommen.
2. Dann müssen Sie entweder (2.1) nur die Kontakte in der Marketingliste behalten, die die Kriterien erfüllen ODER (2.2) alle Kontakte entfernen, die nicht den Kriterien entsprechen.

Wir stellen hier beide Möglichkeiten dar.

Im Folgenden gehen wir die Schritte 1, 2.1 und 2.2 systematisch durch. Im Anschluss daran finden Sie noch 4 Hinweise für Überflieger, die bei der Verwaltung der Marketinglistenmitglieder helfen können.

Schritt 1: Hinzufügen aller aktiven Kontakte

Navigieren Sie nach dem Aufruf einer Marketingliste zu der Verwaltung derer Mitglieder. Klicken Sie dort auf das Symbol zum Hinzufügen von Mitgliedern in der Befehlszeile.

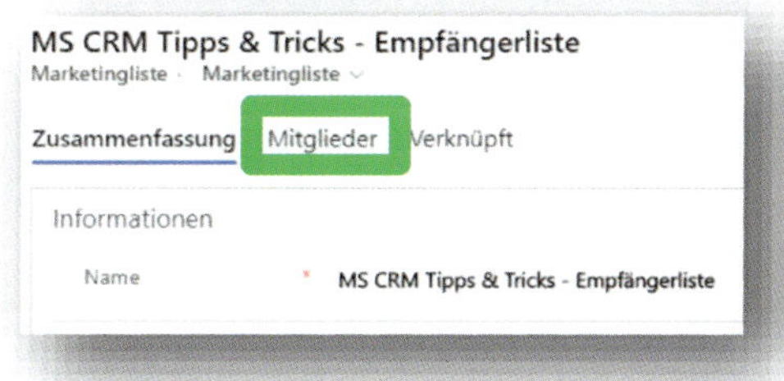

Screenshot 78: Mitgliederverwaltung in der Marketingliste

Wählen Sie in bei der Funktion zur Mitgliederverwaltung eine der ersten beiden Optionen aus, um Mitglieder hinzuzufügen.

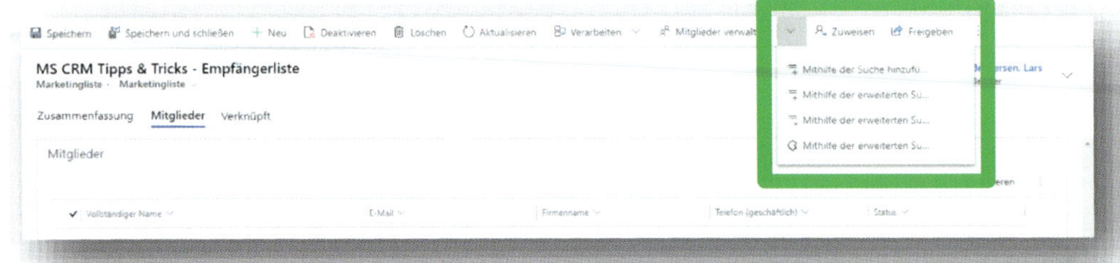

Die erste Option kann auch per Direktlink aufgerufen werden:

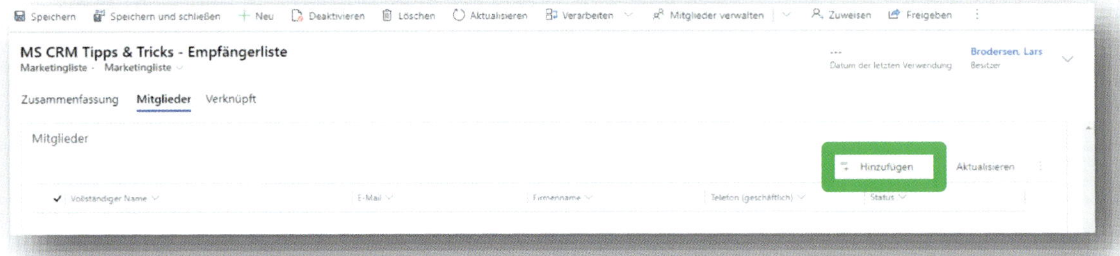

Screenshot 79: Darstellung aller Optionen zur Mitgliederverwaltung

Nutzen Sie die erste Option *Mithilfe der Suche hinzufügen,* wenn Sie über eine intuitive Suche (instinktiv, ohne weiterführende Schlussfolgerungen) Kontakte hinzufügen möchten. Nutzen Sie die zweite Option *Mithilfe der erweiterten Suche hinzufügen,* wenn Sie eine komplexe Suche (mit verschachtelten Logiken) benötigen. Für beide Optionen (*Mithilfe der Suche hinzufügen*) kann auch auf eine bestehende Ansicht zurückgegriffen (z. B. mit bereits definierten Filterkriterien).

Für die Option *Mithilfe der Suche hinzufügen* gibt es die Option *Ansicht ändern* zum Aufruf bestehender Ansicht mit vordefinierten Filtern. Diese Funktion erscheint aber erst, nachdem Sie nach einem Kontakt gesucht haben oder einmal auf das Lupensymbol geklickt haben.

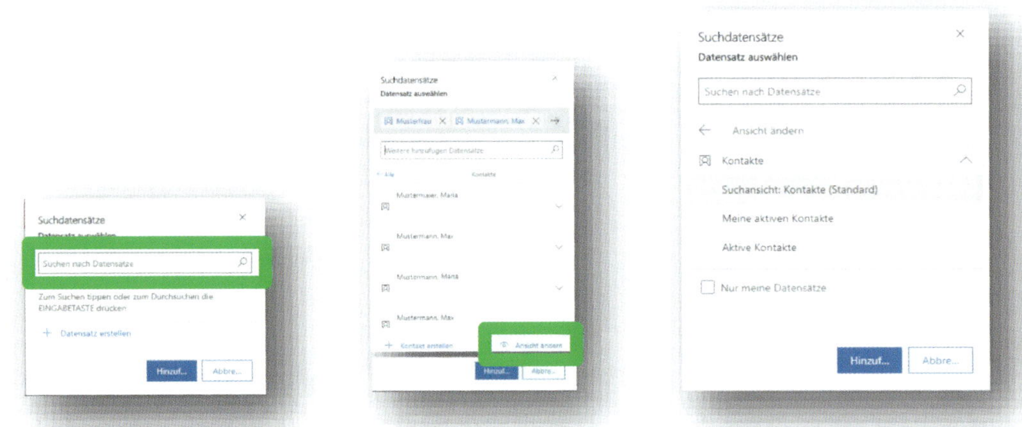

Screenshot 80: Nutzen einer existierenden Ansicht für das Hinzufügen von Marketinglistenmitgliedern

Für das zweite Beispiel (*Mithilfe der erweiterten Suche hinzufügen*) heißt die Option *Gespeicherte Ansicht verwenden* und erscheint oben rechts im Wizard:

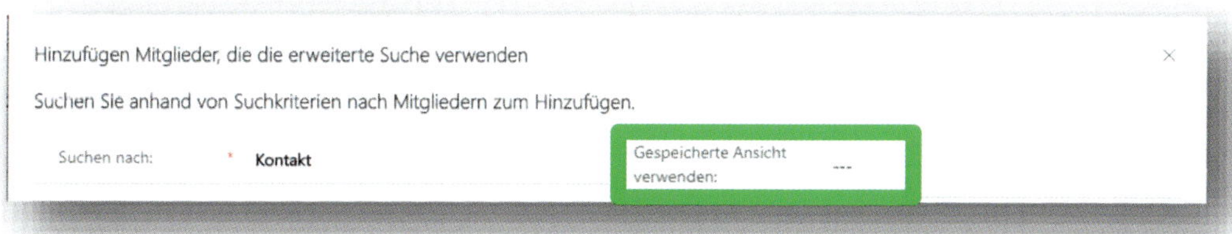

Screenshot 81: Verwendung existierender Ansichten bei der Erweiterten Suche

Wenn Sie keine existierende Ansicht verwenden möchten, fügen Sie alle Kontakte mit folgenden Kriterien hinzu.

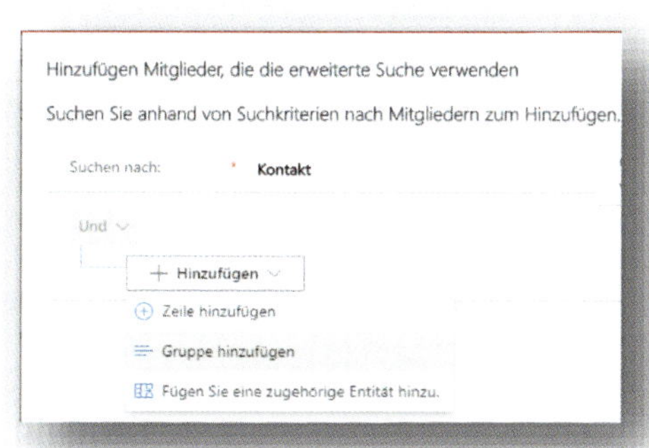

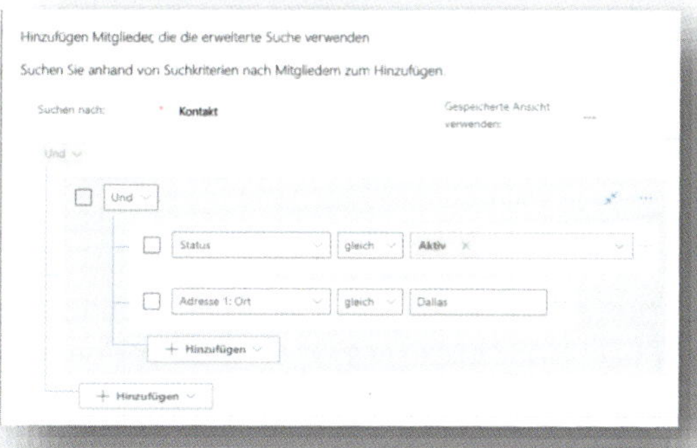

Screenshot 82: Hinzufügen einer Gruppe von Filterkriterien in der Erweiterten Suche

Nach dem Anzeigen der Suchergebnisse können die Kontakte dann entweder einzeln ausgewählt und übernommen oder gesammelt zur Marketingliste hinzugefügt werden.

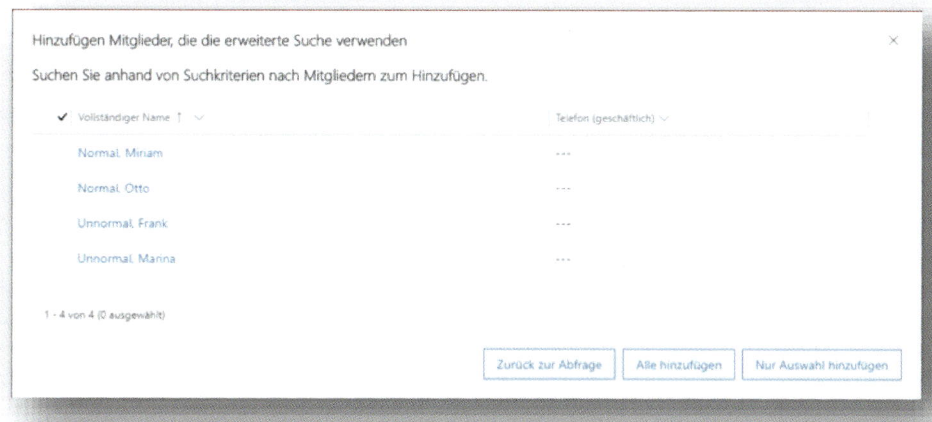

Screenshot 83: Ergebnisansicht für das Hinzufügen von Mitgliedern in Marketinglisten

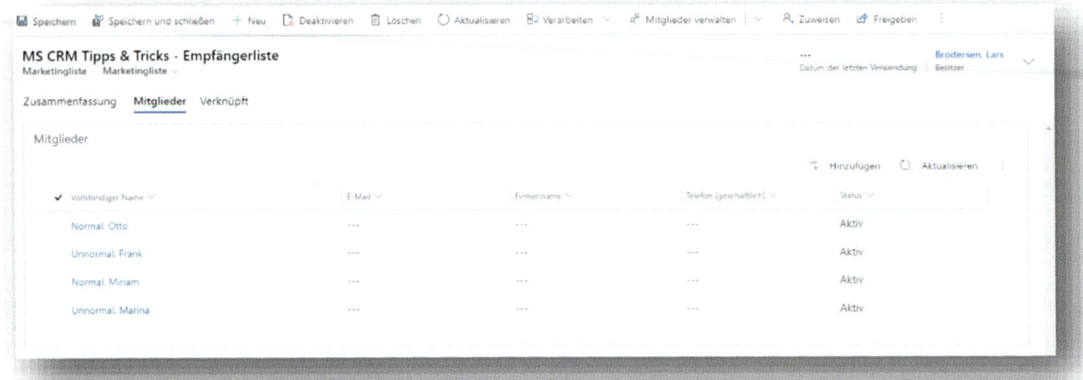

Screenshot 84: Darstellung der Mitglieder einer Marketingliste

Schritt 2.1: Behalten aller Kontakte als Mitglieder, mit denen in den letzten 6 Monaten E-Mail-Verkehr bestand.

Klicken Sie dazu erneut auf den kleinen Pfeil neben der Funktion *Mitglieder verwalten* und wählen Sie in dem Popup die unterste Option zum *Bewerten von Mitgliedern.*

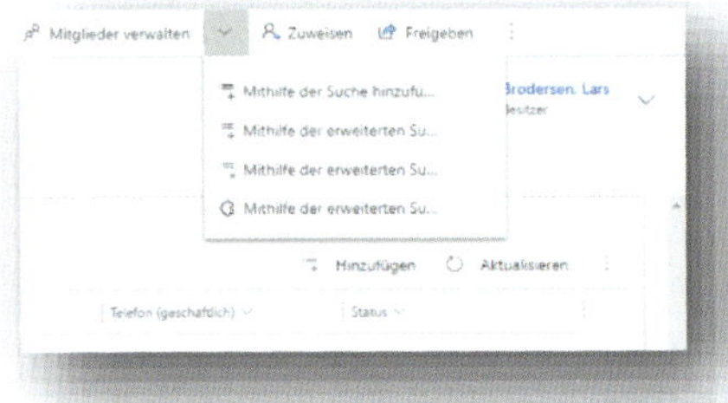

Screenshot 85: Option zum Behalten von Marketinglistenmitgliedern

Für unser Beispiel müssen die Suchkriterien von oben (Status=aktiv, Ort=Bielefeld) nicht erneut eingestellt werden, weil sie für alle Kontakte gleichbleiben.

Daher werden als Suchkriterium die an die Kontakte angehängten Emails ausgewählt.

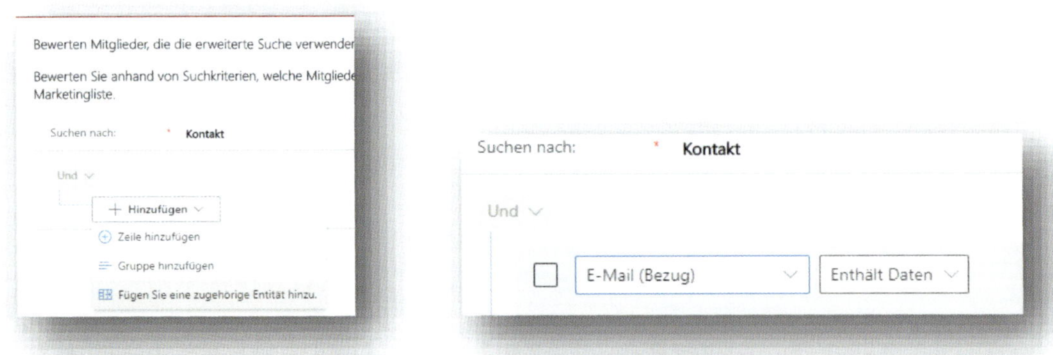

Screenshot 86: Angabe von Filterkriterien zur Auswahl von Mitgliedern für Marketinglisten

Dann wird als Kriterium eingestellt, dass nur die Kontakte behalten werden mit Emails, die in den letzten 6 Monaten erstellt wurden.

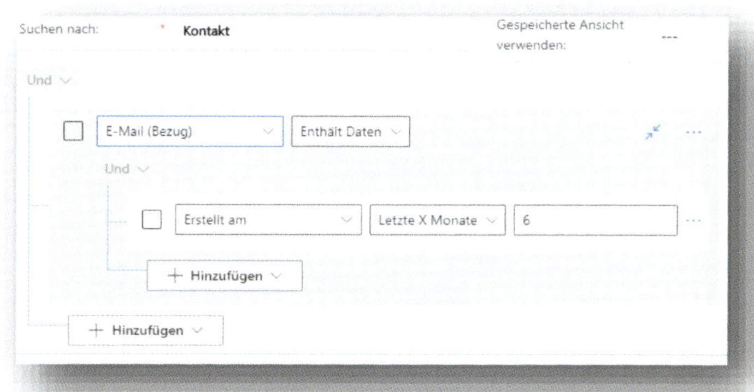

Screenshot 87: Angabe von Filterkriterien in einer in Bezug gesetzten Entität

In der Ergebnisübersicht werden dann die Kontakte markiert, die behalten werden sollen.

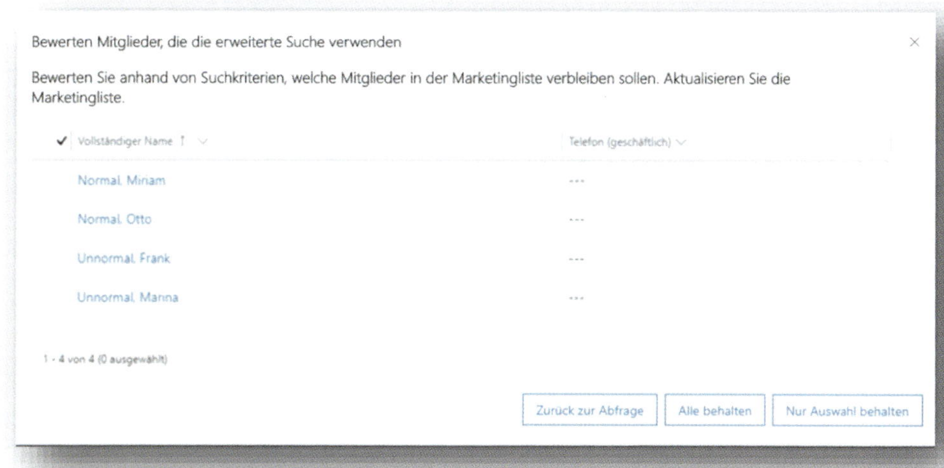

Screenshot 88: Ergebnisansicht für das Behalten von Mitgliedern in Marketinglisten

So bleiben in der Marketingliste schlussendlich nur die Kontakte übrig mit denen in den letzten 6 Monaten Emailverkehr bestand (in diesem Fall alle vier Kontakte).

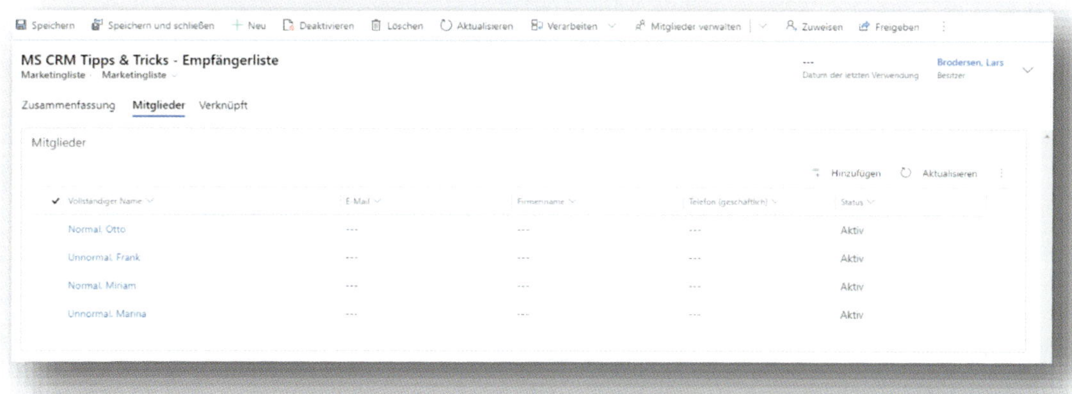

Screenshot 89: Darstellung der Mitglieder einer Marketingliste

Schritt 2.2: Entfernen aller Kontakte die ein bestimmtes Merkmal nicht enthalten.

Klicken Sie dazu erneut auf den kleinen Pfeil neben der Funktion *Mitglieder verwalten* und wählen Sie in dem Popup die drittletzte Option zum *Entfernen von Mitgliedern* aus.

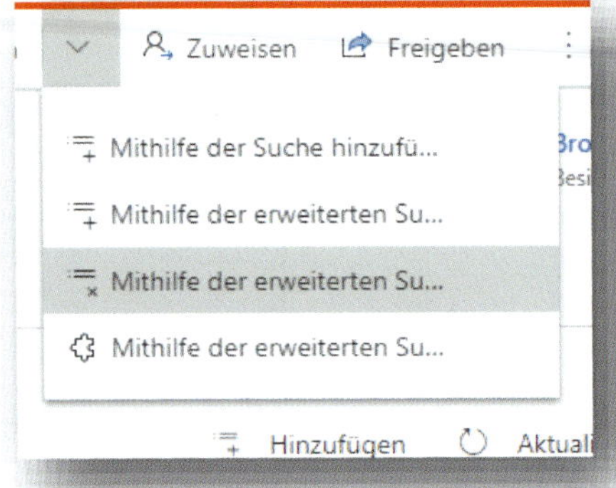

Screenshot 90: Option zum Entfernen von Marketinglistenmitgliedern

In unserem Bespiel wählen wir alle Kontakte aus deren PLZ mit den Nummern 602 oder 604 endet, um sie als Mitglieder zu entfernen.

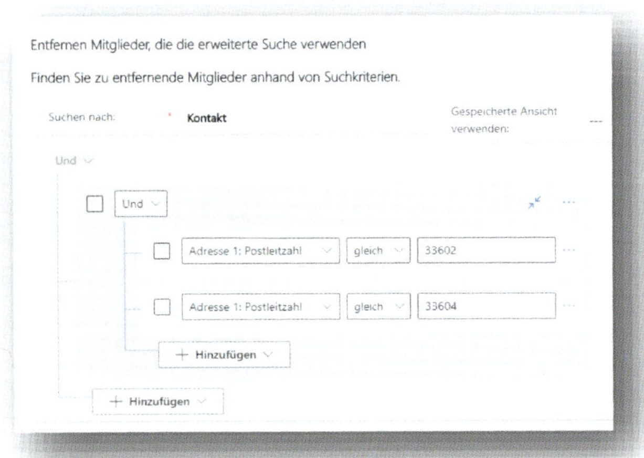

Screenshot 91: Filtern nach nicht vorhandenen Kriterien innerhalb der Kontaktdatensätze

Im Ergebnis werden die Kontakte angezeigt, die die Kriterien nicht erfüllen und somit als Mitglieder der Marketingliste ausgeschlossen werden.

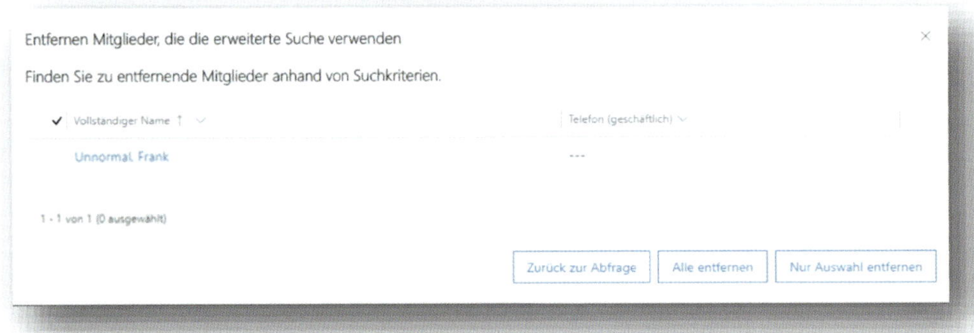

Screenshot 92: Ergebnisansicht für das Entfernen von Mitgliedern in Marketinglisten

Im Ergebnis befinden sich nur noch aktive Mitglieder in der Marketingliste, die aus Bielefeld kommen aber nicht im PLZ-Bereich 602/604 wohnen und mit denen in den letzten 6 Monaten Emailverkehr bestand.

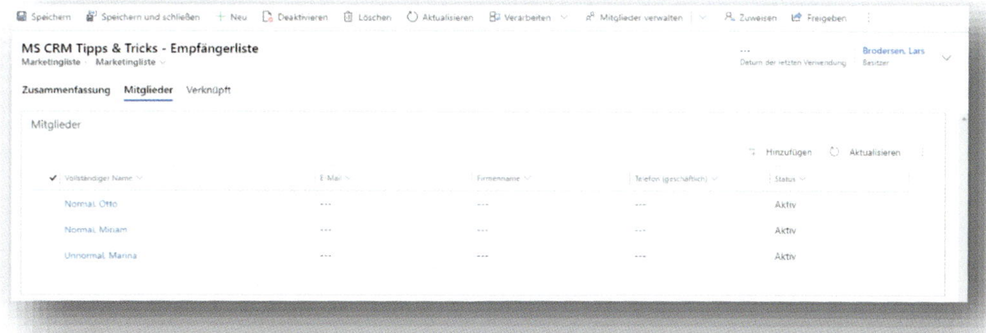

Screenshot 93: Darstellung der finalen Mitglieder der Marketingliste

Festlegen des Empfängerkreises für Direktmailings

★★☆☆

Anwendungsfall: Ich möchte meinem Kundenkreis eine direkte Nachricht senden. Diese ist vorab als Vorlage hinterlegt worden.

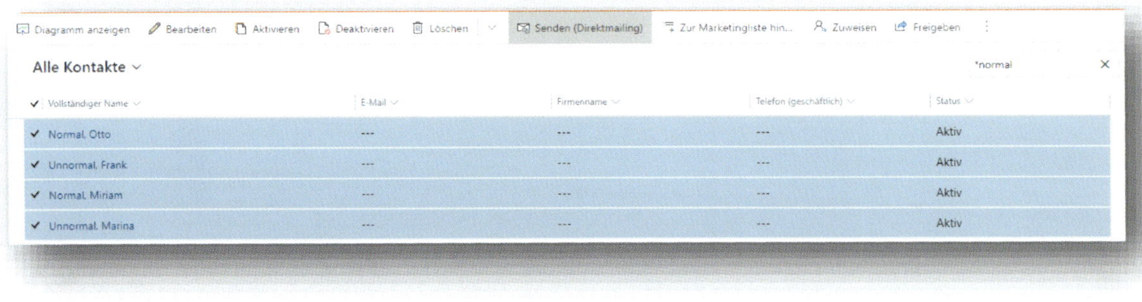

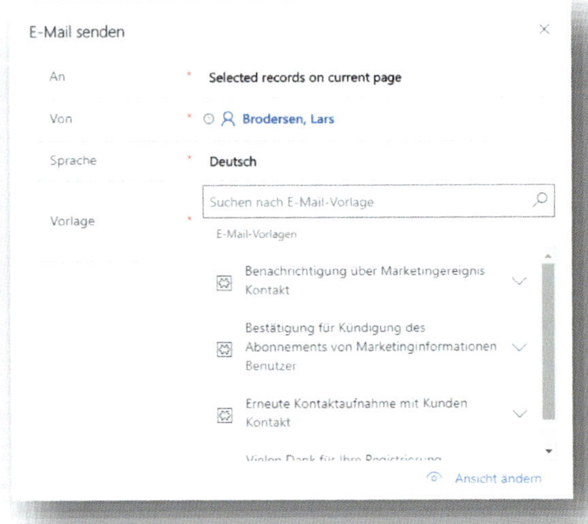

Screenshot 94: Aufruf der Funktion zum Versand eines Direktmailings[26]

Herausforderung

Obwohl die Vorlage bereits vorliegt, ist es teilweise umständlich den Empfängerkreis auszuwählen. Nicht immer sind diese alle in einer Ansicht verfügbar und ich möchte nicht direkt die Erweiterte Suche nutzen müssen.

Lösung

Klicken Sie oben links neben der Ansicht auf den Button *Diagramm anzeigen*. Dort wählen Sie ein Diagramm was Ihren Filtervorstellungen entspricht.

[26] Zum Zeitpunkt der Erstellung dieses Buches war die Funktion nur als hybride Funktion zwischen der Umstellung vom Legacy Interface (bis Version 9) hin zum Unified Interface verfügbar. Ggf. ändert sich die Darstellung bis zur finalen Fertigstellung des Unified Interface.

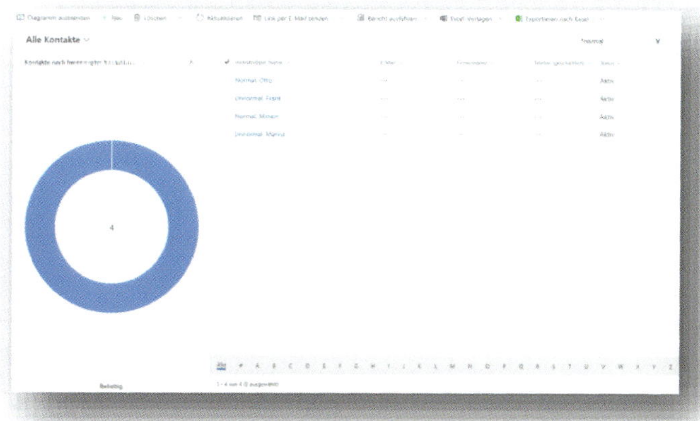

Screenshot 95: Einblenden eines Diagramms in einer Ansicht

Sie können das Diagramm verwenden, um den Empfängerkreis einzuschränken: Entweder indem Sie lediglich auf eines der grafischen Elemente (z. B. bei Säulendiagrammen) klicken oder durch einen Drilldown weiter filtern.

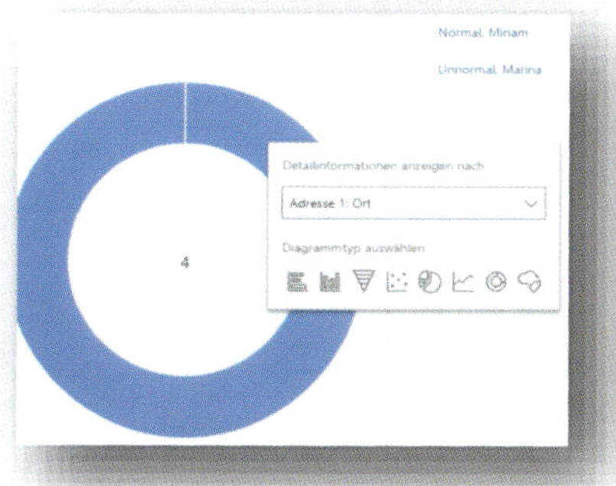

Screenshot 96: DrillDown in einem Diagramm

Die Datensätze in der rechten Ansicht werden mit jedem Klick automatisch eingeschränkt und können danach durch einen Klick auf den Button oben links über der Ansicht gesammelt markiert werden.

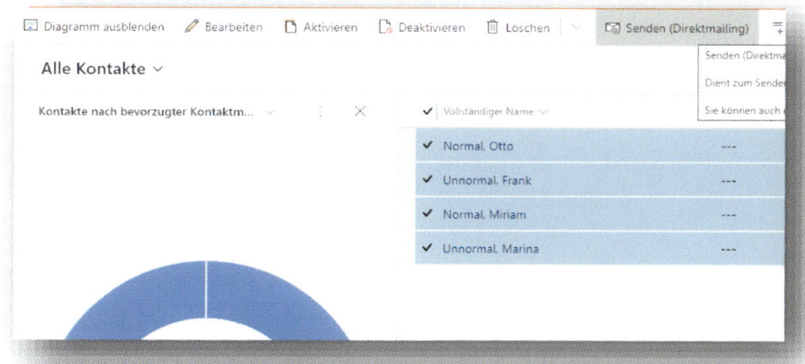

Screenshot 97: Versenden eines Direktmailings nach Filterung durch ein Diagramm

Ausstehende Emails (Erweiterte Suche – veraltete Version)

★☆☆☆

Anwendungsfall: Beim Start des Systems kommt eine Nachricht, dass noch ausstehende Nachrichten vorhanden sind.

Herausforderung

Ich finde diese Emails nicht, weil ich nicht weiß an wen diese gesendet werden sollten oder weil mir die Filtereinstellungen nicht bekannt sind.

Lösung

Rufen Sie die Erweiterte Suche (kann nur von Anwender genutzt werden, deren System noch nicht auf die Moderne Erweiterte Suche umgestellt ist[27]) im Menü auf. Wählen Sie in dem Feld *Suchen nach* die E-Mail-Nachrichten aus. Danach wählen Sie im Feld rechts daneben (*Gespeicherte Ansicht verwenden*) die Ansicht *Meine ausstehenden Emails* aus. Die diversen Filter der Ansicht werden übernommen und Sie müssen sich nur noch die *Ergebnisse* anzeigen lassen.

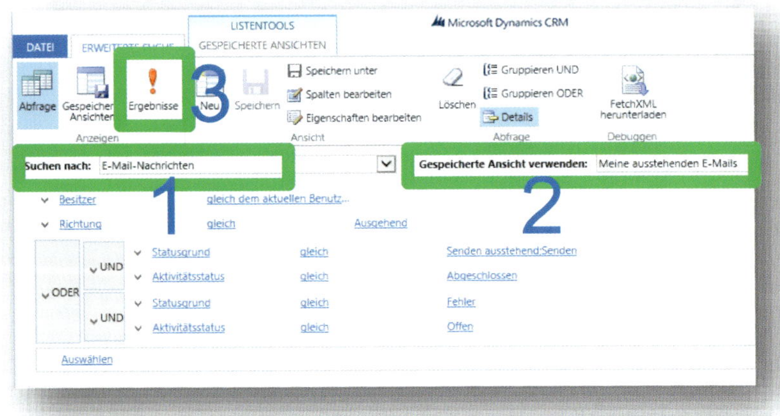

Screenshot 98: Auffinden von ausstehenden Emails über die Erweiterte Suche

[27] Siehe Abschnitt *Funktion: Moderne Erweiterte Suche* im Kapitel *Wichtigste Funktionen* am Anfang des Buches.

Analytisches CRM

Das analytische CRM behandelt die systematische Bearbeitung und Auswertung der Kundendaten, insbesondere der Daten zu Kundenkontakten und Kundenreaktionen. Dabei geht es darum die Interaktion mit dem Kunden genauer verstehen zu können, um als Ziel eine Verbesserung des Prozessablaufs in der Geschäftsbeziehung zu erreichen.

Dazu untersucht es die im operativen und kommunikativen Ablauf gewonnenen Daten, um herauszufinden, welche spezifischen Werte für Unternehmen gelten. Die gewonnenen Erkenntnisse führen im Ergebnis zu Anpassungen des Angebotes für die Kunden, wie es z. B. im Marketing bei Segmentierungen oder Bildung von Kundengruppen vorgenommen wird. Als Informationen werden dafür Transaktionsdaten (z. B. Käufe), soziodemographische Daten sowie marktbezogene Daten ausgewertet.

Je nach Zielstellung wird dabei unterschieden ob es sich um CRM-relevante Daten, also nur dieses CRM-System betreffend, oder systemübergreifende Daten handelt. Für letzteres kommen Auswertungen im Rahmen des Business Intelligence (BI) in Frage, die CRM-Daten mit Informationen aus anderen Systemen zusammenstellen (in einem Datawarehouse) und anschließend darstellen. Diese Definition ist geläufiger, wenn vom analytischen CRM die Rede ist. In unserem Rahmen wird dieser Begriff trotzdem genutzt, um die CRM-Terminologie zu verwenden und um darzustellen, dass die Sequenzen ein Baustein sein können, um einer CRM-Strategie gerecht zu werden.

Für die Behandlung in diesem Buch wird daher von Informationen ausgegangen, die CRM-spezifisch vorliegen. Das kann auch Daten aus anderen Systemen betreffen, wenn diese in die CRM-Datenbank übernommen werden, damit im CRM-System vorliegen und mit den Standardfunktionen ausgewertet bzw. durchsucht werden können.

Ansicht anpassen & Persönliche Ansicht erstellen

★★☆☆

Anwendungsfall: Ich benötige andere Spalten, als in der Ansicht verfügbar sind.

Herausforderung

Es dauert unnötig lange, den Administrator zu bitten bestimmte Spalten in einer Ansicht aufzunehmen. Alternativ kann ich als Anwender zwar Persönliche Ansichten erstellen, möchte aber ggf. nicht immer von vorn damit beginnen wegen einer kleinen Änderung.

Lösung

Öffnet man eine Ansicht zu einer Tabelle, befindet sich unter der Menüzeile ein Button *Spalten bearb.*, mit dem die Spalten angepasst werden können.

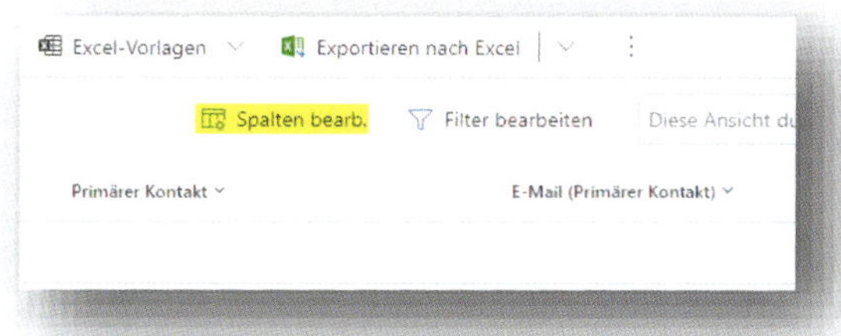

Screenshot 99: Funktion "Spalten bearbeiten" für eine Ansicht

In dem sich öffnenden Fenster können die Spalten neu angeordnet werden sowie neue Spalten hinzugenommen werden.

Wenn neue Spalten hinzugenommen werden, können die Felder von der Tabelle selbst (in diesem Fall *Firma*) ausgewählt werden. Es können aber auch in Bezug gesetzte Felder von anderen Tabellen mit aufgenommen werden.

Screenshot 100: Aufnahme von Fax-Spalte in Firmenübersicht

Nimmt man eine Spalte (im Beispiel oben *Adresse 1: Fax*) mit hinzu, kann sie per Drag & Drop z. B. an die zweite Stelle geschoben werden.

Dass die Ansicht geändert wurde, ist an einem Asterisk-Zusatz am Ansichtsnamen zu erkennen.

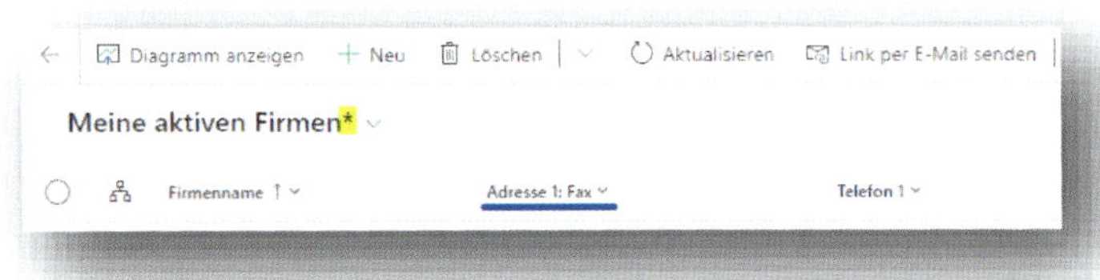

Screenshot 101: Geänderte Ansicht nach Hinzunahme von Spalte

Es besteht nun die Möglichkeit, die veränderte Ansicht als *Persönliche Ansicht* zu speichern. Während es zeitweise über die folgenden Buttons möglich war...

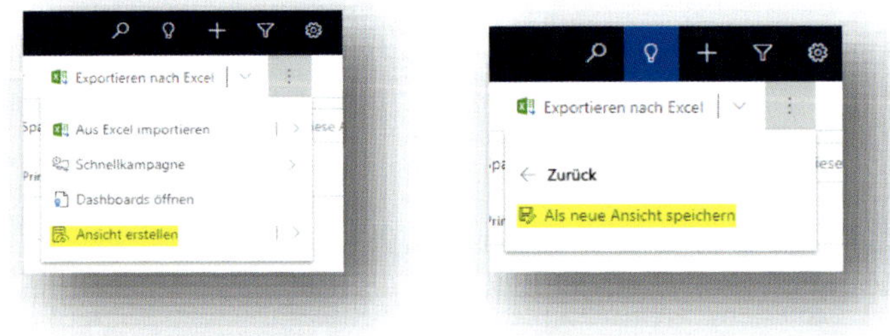

Screenshot 102: Abspeichern einer geänderten Ansicht als Persönliche Ansicht

...hat sich dies nun geändert und Änderungen an bestehenden Ansichten können mit Klick auf diesen Button als neue Persönliche Ansicht abgespeichert werden.

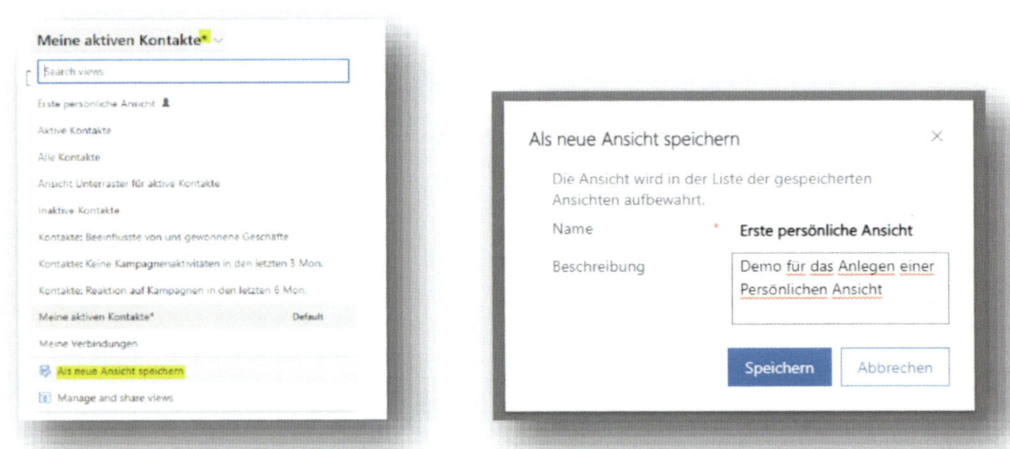

Screenshot 103: Erstellen einer Persönlichen Ansicht[28]

Die geänderte Ansicht *Meine aktiven Kontakte* (zu sehen am Asterisk) kann mit Klick auf den Button als Persönliche Ansicht abgespeichert werden.

Hinweis: Wenn man eine Änderung an einer Ansicht nicht abspeichert, geht sie sofort verloren, wenn man an eine andere Stelle im CRM navigiert.

---

[28] Teile der grafischen Oberfläche waren noch nicht vollständig von Microsoft übersetzt, als ich die Screenshots der neuen Funktionen in deutscher Sprache gemacht habe.

Bericht startet mit geänderten Filterkriterien

★☆☆☆

Anwendungsfall: Ich starte einen Bericht (engl. Report) und möchte dabei die vorgegebenen Filterkriterien anwenden.

Herausforderung

Beim Starten eines Berichtes sind die Filterkriterien manchmal anders als ursprünglich voreingestellt für den Bericht. Für mich ist nicht erkenntlich, weshalb die Filterkriterien verändert wurden.

Lösung

Wenn Sie z. B. mehrere Firmendatensätze in einer Ansicht markiert haben und einen Bericht dafür aufrufen, gelangen Sie zu einem Wizard mit drei Einstellungsmöglichkeiten.

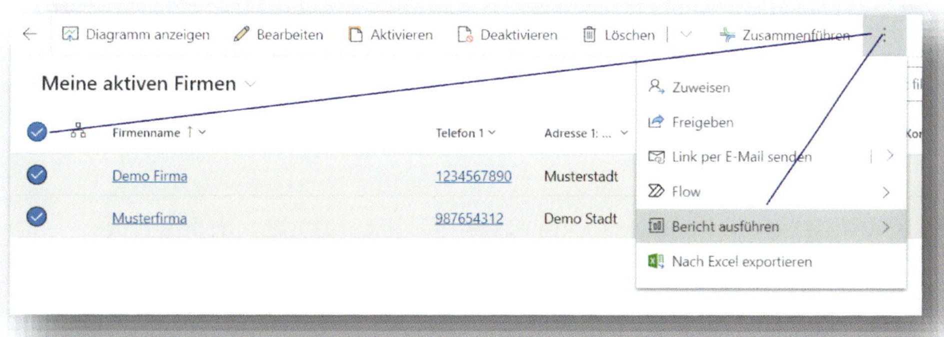

Screenshot 104: Markieren von Firmendatensätzen und starten eines Berichtes

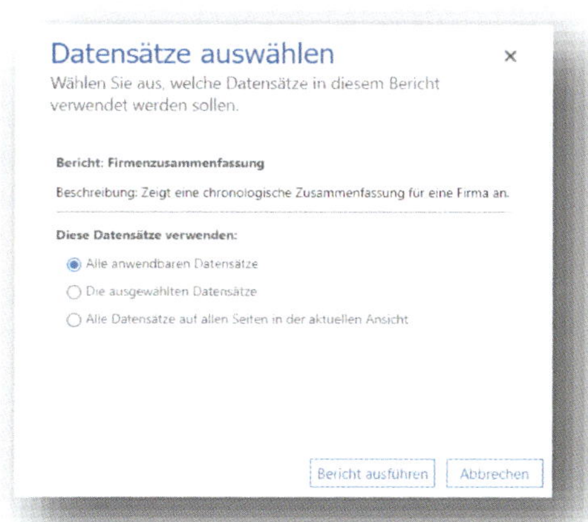

Screenshot 105: Auswahlmöglichkeiten beim Starten eines Berichtes

Der Unterschied liegt in den drei Optionen. Bei den ersten beiden Optionen werden die voreingestellten Filterkriterien des Berichtes beibehalten. Bei Auswahl der dritten Option *Alle Datensätze auf allen Seiten in der aktuellen Ansicht* werden die Filterkriterien der Ansicht auf den Bericht übertragen. In diesem Beispiel sind es die Filterkriterien von der Ansicht *Meine aktiven Firmen*, zu sehen im oberen Screenshot. Dieser Unterschied fällt nicht immer auf und nicht bei jedem Bericht ins Gewicht, es gibt aber Berichte z. B. mit chronologischen Filtern, deren Filterkriterien so ausgetauscht werden und die gewollten Inhalte deshalb verfälscht sind.

Details in der Erweiterten Suche (alte Version) aktivieren

★☆☆☆

Herausforderung

Hinweis: Für die neue Funktion *Moderne Erweiterte Suche* schauen Sie im Abschnitt *Verwenden der Erweiterten Filter (ehemals Erweiterte Suche)* nach.

Wenn ich die *Erweiterte Suche* öffne, sind die Filterkriterien nicht direkt einstellbar. Ich muss immer erst den Button *Details* anklicken. Bei meinen Kollegen ist das nicht so.

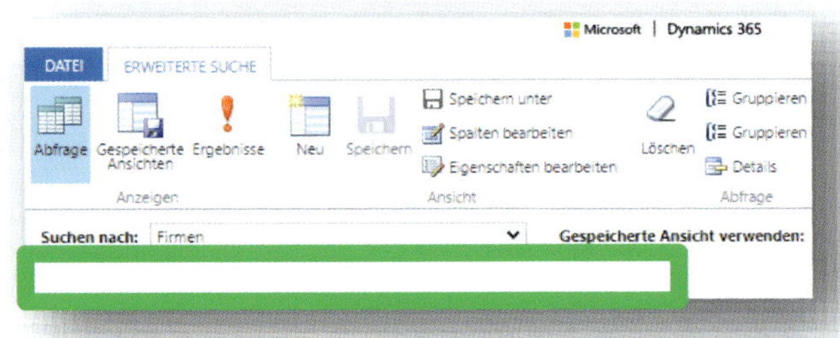

Screenshot 106: Deaktivierte Filter in der Erweiterten Suche (Version vor der Umstellung im Oktober 2022)

Lösung

Rufen Sie die Personalisierungseinstellungen auf. Im ersten Register finden Sie folgende Einstellung.

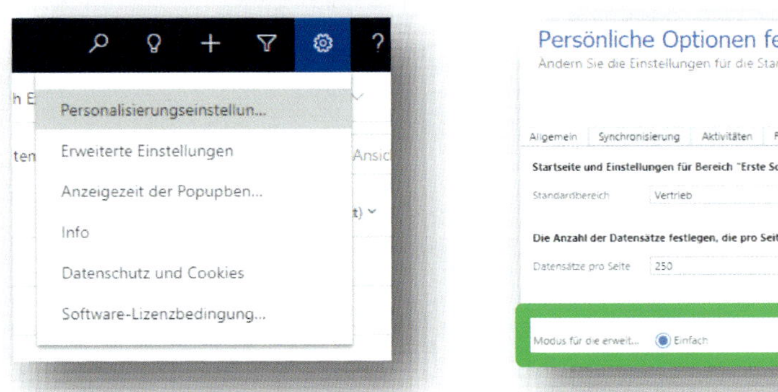

Wenn die Einstellung auf *Detailliert* umgestellt wird, sind die Filterkriterien ab dann immer sofort auswählbar.

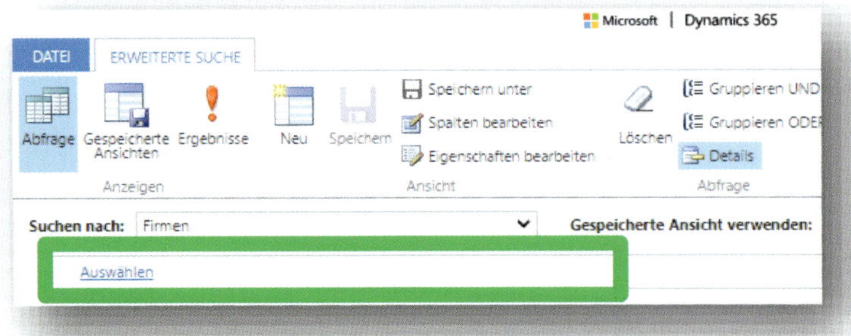

Screenshot 107: Aktivierte Einblendung der Filterkriterien in der Erweiterten Suche

Hinweis: Die Benutzerhinweise für die moderne Erweiterte Suche ist im Abschnitt *Wichtigste Funktionen* enthalten.

Suche nach Kategorie oder Relevanz (veraltet, nur OnPrem-Version) ★☆☆☆

Herausforderung

Hinweis: Gilt nur für die OnPrem-Version, da in der Online-Version die beiden Funktionen im Oktober 2022 abgeschafft wurden[29].

Bei der Verwendung der Globalen Suche bekomme ich nur die Kategoriensuche angezeigt, meine Kollegen können aber auch Datensätze anhand der Relevanz durchsuchen.

Screenshot 108: Limitierung der Globalen Suche auf die Kategoriensuche

Lösung

Klicken Sie oben rechts auf den Button für die Personalisierungseinstellungen. Im ersten Register können Sie die Sucherfahrung auswählen und dort aus drei Optionen wählen.

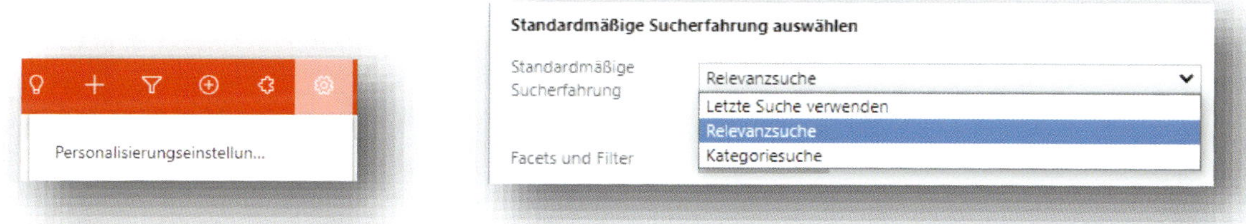

Screenshot 109: Einstellmöglichkeiten für die Globale Suche

Zur Historie: Die funktionale Erweiterung der Globalen Suche wurde mit der Version 2016[30] angekündigt und erfuhr damit die erste grundlegende Änderung.

[29] Quelle: https://learn.microsoft.com/en-us/power-platform-release-plan/2022wave2/power-apps/modern-advanced-find-turned-default

[30] Mehr Details dazu sind an verschiedenen Stellen im Abschnitt *Gewusst wie: Die verschiedenen Arten der Suche* beschrieben.

Verwenden der Erweiterten Filter (ehemals Erweiterte Suche)

★☆☆☆

Herausforderung

Seit Oktober 2022 gibt es nur noch die Moderne Erweiterte Suche. Ich habe mich aber an die Erweiterte Suche gewöhnt und möchte diese weiternutzen.

Lösung

Klicken Sie zuerst direkt in das Suchfeld in der Navigationsleiste und wählen in dem Flyout-Menü danach die Option „Mithilfe erweiterter Filter nach Zeilen in einer Tabelle suchen".

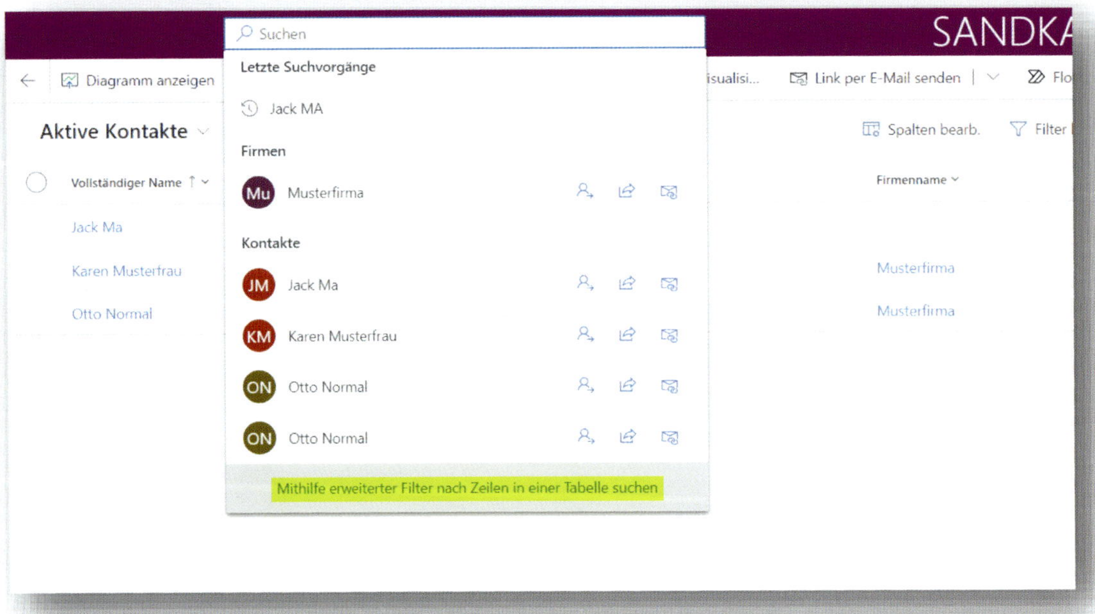

Screenshot 110: Ausgeklapptes Suchmenü in der Modernen Erweiterten Suche

Wählen Sie dann die entsprechende Tabelle aus...

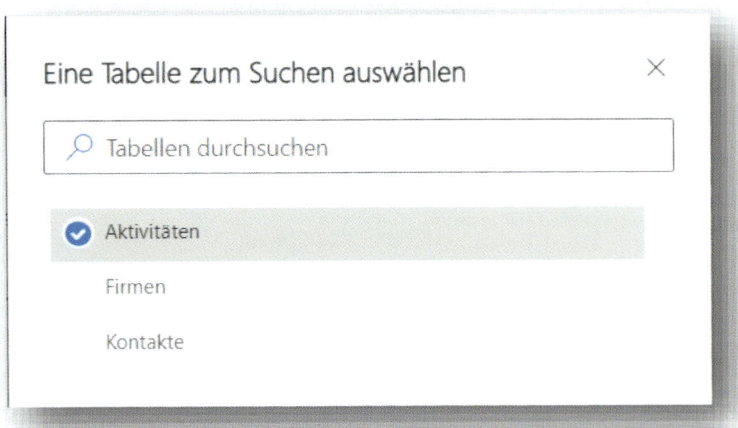

Screenshot 111: Tabellenauswahl für die Suche mit Erweiterten Filtern

... und stellen Sie die Filter entsprechend der Suchanfrage ein.

Parteilistenfeld vs. Suchfeld

★★☆☆

Anwendungsfall: Bei Suchfeldern möchte ich alle betreffenden Parteien angeben, die einen Bezug zu dem bearbeiteten Datensatz haben.

Herausforderung

Für das Zuordnen von Datensätzen über ein Suchfeld gibt es manchmal mehrere Entitäten als Zuordnungsmöglichkeit und manchmal nur die Zuordnungsmöglichkeit für eine einzige Entität. Es ist aber erst bei der Eingabe zu erkennen, welche Zuordnungsmöglichkeit es für das Suchfeld gibt. Mir ist aber nicht klar, warum es diesen Unterschied gibt und wie ich ihn nutzen kann.

Lösung

Es gibt zwei Felder, das *Suchfeld* und das *Parteilistenfeld*. Beide sehen in der Benutzeroberfläche gleich aus. Um einen ungestörten Benutzerfluss zu erlauben, bieten sie aber verschiedene Zuordnungsmöglichkeiten.

- Das *Suchfeld* erlaubt die Zuordnung zu nur einem anderen *Datensatz*. Das ist dann gewollt, wenn es z. B. um eine direkte Beziehung zwischen Konzern und Tochtergesellschaft geht. Oder um eine Eltern-Kind-Beziehung. Dann ist die Auswahl eingegrenzt wie im folgenden Screenshot, zu sehen daran das nur Daten aus der Tabelle Firma auswählbar sind.

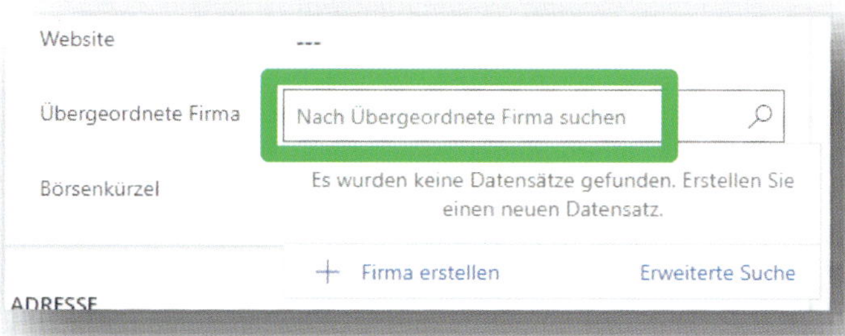

Screenshot 112: Suchfeld in Popup

Klickt ein Anwender auf den Button Erweiterte Suche (erscheint nach dem Klick auf das Lupensymbol im Suchfeld) im obigen Screenshot, ist es im sich öffnenden Wizard nur möglich nach Firmendatensätzen zu suchen.

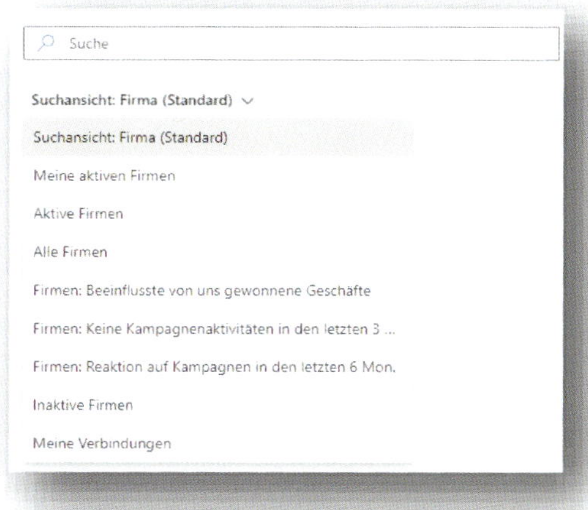

Screenshot 113: Popup-Screenshot für Firmen bei Zuordnung einer Übergeordneten Firma

- Das *Parteilistenfeld* erlaubt die gleichzeitige Zuordnung zu mehreren Datensätzen. Das ist dann gewollt, wenn z. B. eine E-Mail an mehrere Empfänger gesendet wird oder ein Termin mit mehreren Teilnehmern stattfindet. Dann kann zwischen mehreren Entitäten gewählt werden.

In der neusten Version (im Moment der Buchveröffentlichung) sind es die Tabellen Benutzer, Firma und Kontakt.

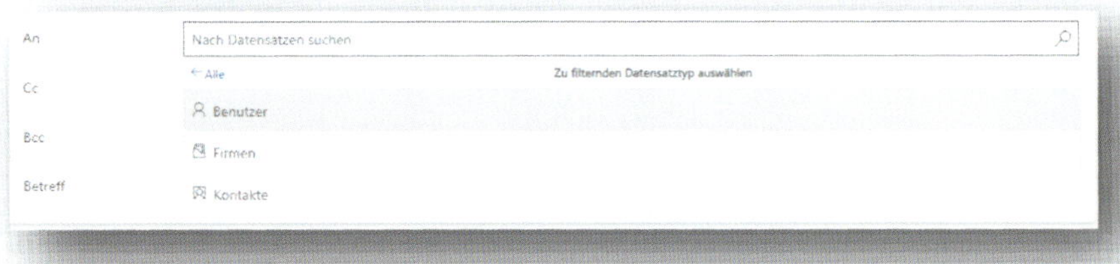

Screenshot 114: Auswahl mehrerer Tabellen in einem Parteilistenfeld

Bevor das Marketingmodul ausgebaut wurde, war es ebenso möglich Datensätze aus der Tabelle Leads auszuwählen.

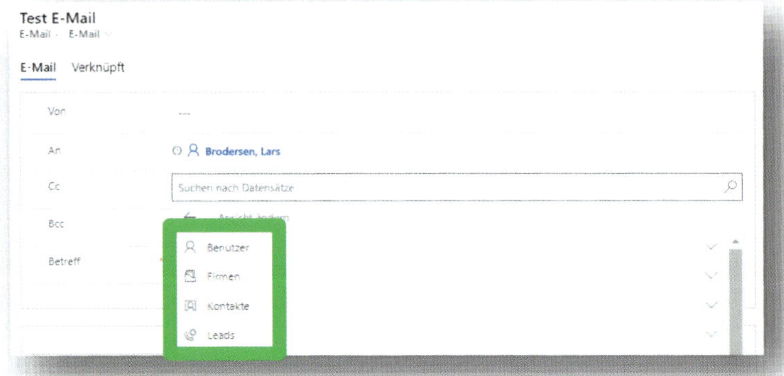

Screenshot 115: Suchfeld in Popup - Firmenauswahl

Es ist nur schwer auf den ersten Blick zu sehen, ob es sich um ein Suchfeld oder um ein Parteilistenfeld handelt. Im Suchfeld steht zwar der Name der Zieltabelle (im beispielhaften Screenshot ganz oben ist es „Nach Übergeordnete Firma suchen“) während beim Parteilistenfeld z. B. „Suche nach Datensätzen“ steht. In der täglichen Anwendung geht das allerdings sicher unter. Insgesamt lässt es die Oberfläche zwar aufgeräumter erscheinen, beschert den Anwendern im Dauereinsatz aber einen kleinen Nachgeschmack, wenn die vordergründig reibungslose anwendbare Oberfläche dann doch Fragen aufwirft.

Kollaboratives CRM

Das kollaborative CRM behandelt die Steuerung der Kundenbeziehung im Rahmen von Kooperationen. Solche Kooperationen können Vereinbarungen mit Partnerunternehmen umfassen, oder aber auch die Bereitstellung oder Verarbeitung von Daten auf Webseiten bzw. Portalen.

Im Allgemeinen werden unter dem Begriff kollaboratives CRM auch Kommunikationsaspekte verstanden. Diese beiden trennen wir voneinander und behandeln sie separat. Denn die Zusammenlegung kommt daher, dass im Verständnis des kollaborativen CRM u. a. die Steuerung der Kommunikationskanäle beinhaltet ist und damit gleichzeitig die Kommunikation integriert wird. Dies trennen wir und behandeln daher den Austausch mit den Kunden und die Steuerung der Kanäle, über die diese Kommunikation läuft, getrennt.

Follow-Funktion (für Erweiterte Suche, veraltete Darstellung)
★★☆☆

Anwendungsfall: Ich arbeite mit einem Kollegen gemeinsam an einem Kunden und möchte mich über Änderungen oder den Fortschritt informieren.

Herausforderung

Ich muss mir Firmen gezielt raussuchen, um mir dann alle Informationen in der Eingabemaske und bei den zugeordneten Datensätzen anzuschauen. Am Ende des Tages rufe ich dann doch wieder beim Kollegen an.

Lösung

Wählen Sie eine Firma aus und wählen Sie oben in der Befehlsleiste unter den drei Punkten die Funktion Folgen aus.

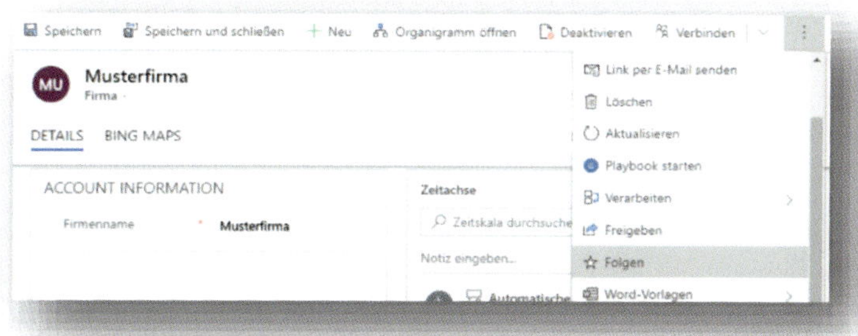

Screenshot 116: Funktion "Folgen" in der Menüzeile

Sie können nun z. B. in das Dashboard wechseln und anschließend eine der dortigen Ansichten umstellen auf „Firmen denen ich folge". So behalten sie diese Firmen leichter im Auge.

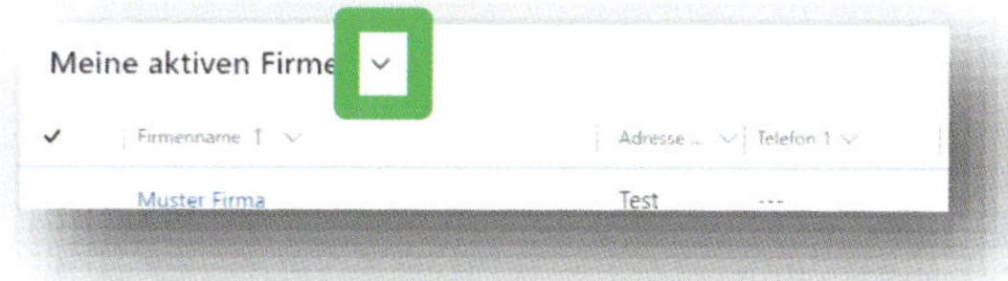

Screenshot 117: Ansteuerung der "Neuigkeiten" in der Navigationsleiste

Datensatzbasierte Aktivitätenübersicht: Als Anwender kann man leicht die Firmendatensätze öffnen und sich in der sogenannten Timeline-Funktion über die letzten Aktivitäten der jeweiligen Firma informieren. Wenn vom Administrator entsprechend eingestellt, werden dort sogar Aktivitäten hervorgehoben, die seit dem letzten Anschauen hinzugekommen sind.

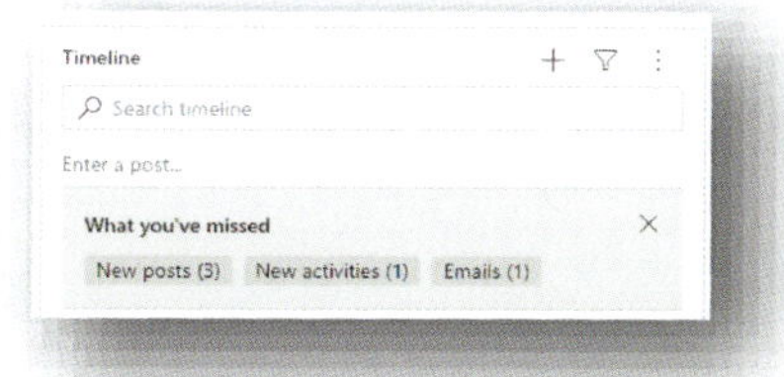

Screenshot 118: Beispieldarstellung der Timeline in einem Dashboard, Quelle: Forum crmug.com, Thread „Follow/Unfollow Buttons in Unified Interface" vom 03.06.2020

Um nicht jedes Mal die einzelne Firma öffnen zu müssen, kann diese Aktivitätenübersicht durch einen Administrator auch auf dem Dashboard für alle Firmen einblendet werden.

Löschen nicht benötigter Ansichten oder Followings (für Erweiterte Suche, veraltete Darstellung)

★★★☆

Anwendungsfall: Im Lauf der Zeit ist die Anzahl der Persönlichen Ansichten und Followings (Funktion Folgen) angewachsen. Einige von ihnen werden nicht mehr benötigt oder stören durch Informationsüberflutung.

Herausforderung

Es ist unpraktisch einzelne Datensätze rauszusuchen, um das Folgen zu entfernen. Und für die Persönlichen Ansichten ist unbekannt an welcher zentralen Stelle im System sie gelöscht oder die Freigaben für sie verändert werden können.

Lösung

Öffnen Sie die Erweiterte Suche durch das Klicken auf das entsprechende Symbol im Menü.

Screenshot 119: Symbol für "Erweiterte Suche" in Navigation

Für Persönliche Ansichten kann direkt auf *Gespeicherte Ansichten* geklickt werden. Sollten zu viele erscheinen kann über den Button *Datentyp* eine Filterung vorgenommen werden.

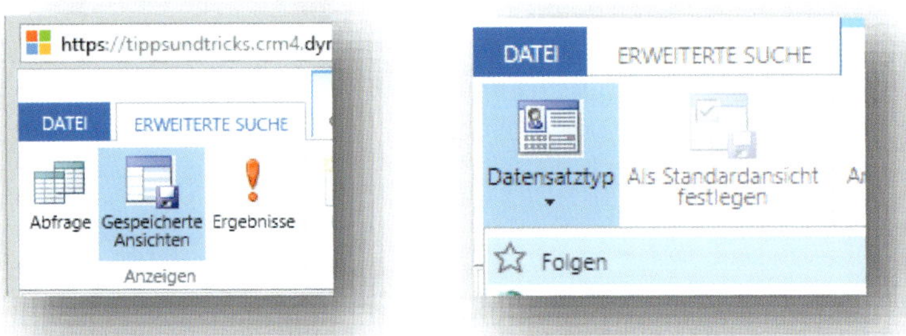

Screenshot 120: Funktion "Gespeicherte Ansichten" in der Erweiterten Suche und Auswahl des Datentyps

Alternative Vorgehensweise: Wählen Sie die Entität *Folgt* aus, um Folgeaktivitäten zu löschen und fordern Sie die Resultate an.

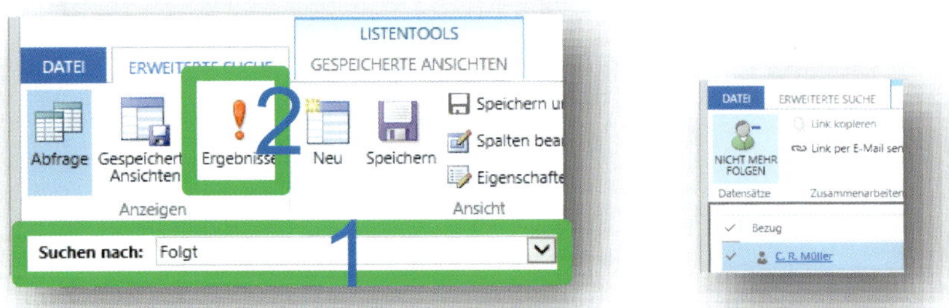

Screenshot 121: Filterung auf das Folgen in der Erweiterten Suche

Die Datensätze, denen Sie folgen, erscheinen, können daraufhin markiert und das Folgen ausgestellt werden.

Strategisches CRM

Das strategische CRM bildet die Grundlage der anderen CRM-Dimensionen und legt fest, welcher konkrete CRM-Ansatz verfolgt wird. Dabei lässt sich nach einem strategieorientierten Ansatz (Integration des CRM in die Unternehmensstrategie), prozessorientiertem Ansatz (Entwicklung und Verbesserung der kundenwertbezogenen Abteilungsprozesse), informationssystemorientiertem Ansatz (Betrachtung der Funktionalität zur Prozessunterstützung) oder wissensorientiertem Ansatz (Speicherung, Pflege und Auswertung von Kundenwissen in den Datenbanken) unterscheiden.

Im Kern beschäftigte es sich mit der Fragestellung nach den zu bindenden Kunden und wie deren Integration geschehen kann. Dazu versucht es die richtigen Kunden zu identifizieren, indem eine Analyse der Marktsituation und des Wettbewerbs vorgenommen wird. Daraus werden Stärken und Schwächen abgeleitet, die zu einem Konzept für die Markt- und Kundenansprache führen kann. Dabei geht es darum sich wahrnehmbar zu positionieren und vom Markt abzuheben. Im Endergebnis werden aus dieser Strategiedefinition die konkret abzuleitenden Maßnahmen für die anderen vier Dimensionen festgelegt.

Hilfe zur Selbsthilfe
★★★★

Anwendungsfall: Suche nach Lösungen für Probleme in der Anwendung

Herausforderung

Ich suche manchmal selbst nach technischen Lösungen für das MS CRM im Internet für mein Problem. Teilweise gibt es aber zu wenig Lösungen oder die Treffer zeigen etwas anderes als das Gesuchte.

Lösung

Im Internet werden fast ausschließlich die spezifischen (englischen) Funktionsbegriffe für das CRM-System verwendet. Daher hilft es diese zu kennen und bei der Suche einzugeben.

Für Anwender, die nicht die englische Spracheinstellung in der täglichen Arbeit mit dem System verwenden: Um den englischen Begriff rauszufinden kann das System über die Persönliche Einstellung kurzzeitig auf Englisch (unter dem Register Sprachen) umgestellt werden.

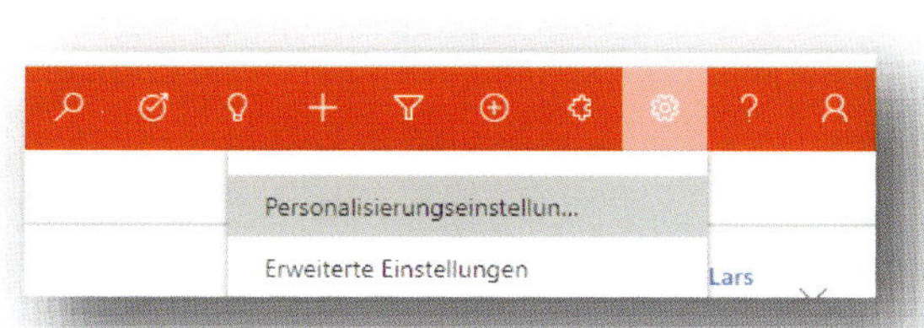

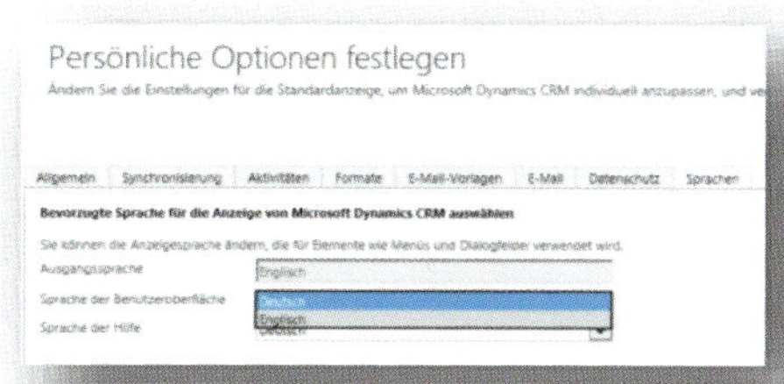

Screenshot 122: Öffnen der Persönlichen Einstellungen des Benutzers

Andernfalls ist im unten enthaltenen Glossar eine Übersetzung der Begriffe enthalten. Nach diesen kann dann recherchiert werden, wobei zu beachten ist, dass es nicht für jeden Begriff *Die Eine* Übersetzung gibt, sondern teilweise auch *Mehrere* oder *Keine* vorhanden sein können/kann. Teilweise wird auch nur der englische Begriff aufgeführt, wenn der deutsche Begriff nicht vorhanden ist oder so unüblich im Gebrauch ist, so dass keine hilfreichen Treffer zu erwarten sind.

Glossar

Deutsche Bezeichnung	**Englische Bezeichnung**	**Darstellung im CRM**
Funktionen		
Absprungleiste[31]	Jump bar	Alle # A B
Ansicht	View	Meine aktiven Firmen
Befehlsleiste	Command bar (former Ribbon bar)	Diagramm anzeigen + Neu Löschen Aktualisieren

[31] Wurde abgelöst, daher also nur noch sichtbar, wenn vom Administrator explizit re-aktiviert. Quelle: https://community.dynamics.com/crm/b/crminthefield/posts/what-happened-to-the-alphabet-bar-how-to-add-the-alphabet-bar-back-after-2022-wave-1

Beiträge (etw. posten)	Posts (to post)	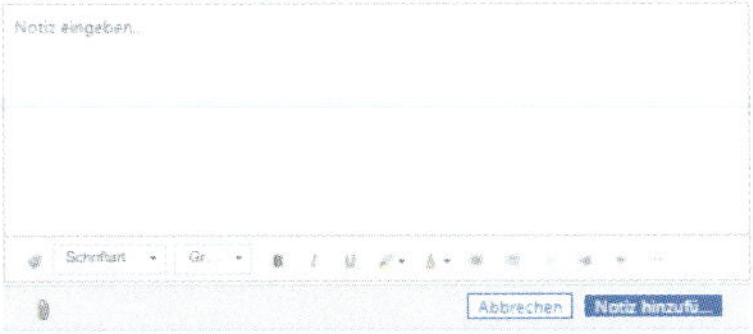 Abbrechen / Notiz hinzufü...
Bericht	Report	Bericht ausführen
Beziehung • Beziehung über Suchfeld • Verbindung	Relationship • Relationship via Lookup • Connection	z. B. Übergeordnete Firma / Suchen nach Übergeordnete Firma Verbinden
Dashboard	Dashboard	
Datenimport • Daten importieren • Vorlage für Import herunterladen	Data import • Data import • Download Template for Import	Aus Excel importieren / Daten importieren Excel-Vorlagen Excel-Vorlage erstellen Vorlage hochladen Vorlage herunterladen Eigene Excel-Vorlagen Alle meine Vorlagen anzeig... / Vorlage für Import herunt...
Diagramm • Integriert in Ansicht • In Dashboard	Chart • In-line chart • In Dashboard	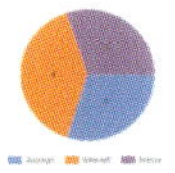
Einstellung • Persönliche Einstellungen • System-einstellungen	Setting • Personalization settings • System settings	 Einstellungen
Feldbeschreibung	Field description	Kombiniert und zeigt den Vor- und Nachnamen des Kontakts, sodass in Ansichten und Berichten der vollständige Name angezeigt werden kann. Vollständiger Name * Rene Valdes (sample)
Filter (in Ansicht)	Filter (in View)	
Folgen Nicht mehr folgen	Follow Unfollow	Folgen Nicht mehr folgen
Freigabe	Sharing	Freigeben
Geschäftsprozess	Business process flow	
Konvertieren	Convert to	KONVERTIEREN IN
Löschen • Löschen (Einzeldatensatz) • Massenlöschung	Delete • Delete record • Bulk delete	LÖSCHEN bzw. Löschen Massenlöschung
Massenbearbeitung	Bulk Edit	BEARBEITEN

Navigationsleiste (früher Inhaltsübersicht)	Navigation bar (former Sitemap)	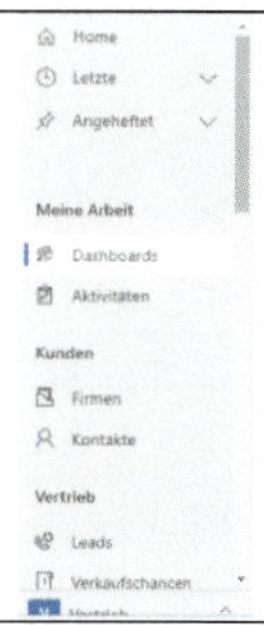 Home Letzte Angeheftet Meine Arbeit Dashboards Aktivitäten Kunden Firmen Kontakte Vertrieb Leads Verkaufschancen
Notizen	Notes	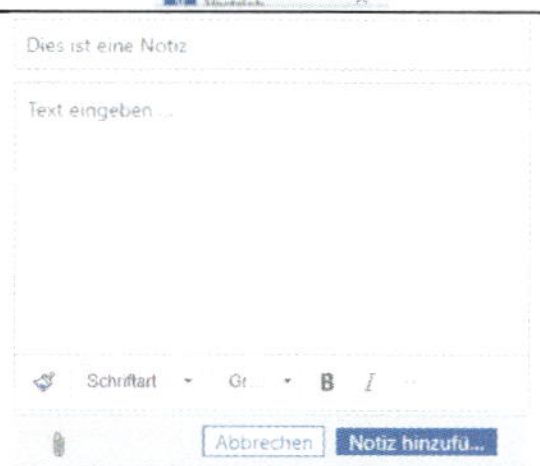 Dies ist eine Notiz Text eingeben... Schriftart Abbrechen Notiz hinzufü...
Öffnen in neuem Fenster • Bei Rechtsklick • In Eingabemaske • In Hierarchiekachel	Open in a new Window • On right click • In record form • In hierarchy tile	 In neuem Fenster öffnen oder
Parteilistenfeld	Party list field (Lookup)	
Persönliche Ansicht	Personal View	 Persönliche Ansicht erstellen / Create Personal View
Qualifizieren eines Leads • Qualifizieren • Disqualifizieren Anfrage qualifizieren • Abschließen • Abbrechen	Qualify a Lead • Qualify • Disqualify Qualify a Case • Resolve • Cancel	 QUALIFIZIEREN / QUALIFY DISQUALIFIZIEREN / DISQUALIFY ANFRAGE ABSCHLIEßEN / RESOLVE CASE ANFRAGE ABBRECHEN / CANCEL CASE
Schnelleingabeform	Quick Create Form	
Sortierreihenfolge • Aufsteigend • Absteigend	Sort order • Ascending • Descending	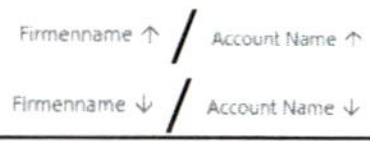 Firmenname ↑ / Account Name ↑ Firmenname ↓ / Account Name ↓
Sozialer Bereich	Social Pane	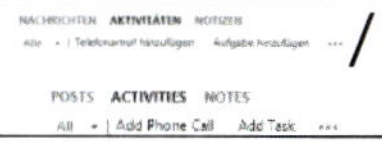 NACHRICHTEN AKTIVITÄTEN NOTIZEN / POSTS ACTIVITIES NOTES
Speichern (einen Datensatz) • Speichern (1.) • Speichern (2.) • Speichern & Weiterleiten • Speichern & Schließen	Save (record) • Save (1.) • Save (2.) • Save & Route • Save & Close	 SAVE SPEICHERN UND WEITERL... / SAVE & ROUTE SPEICHERN UND SCHLIEß... / SAVE & CLOSE
Suche (Funktionen) • Erweiterte Suche • Globale Suche • Schnellsuche • Suchfeld	Search (Functions) • Advanced Find • Global Search • Quick Search • Lookup	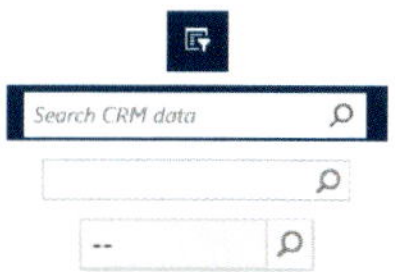 Search CRM data --

Unterraster	Subgrid	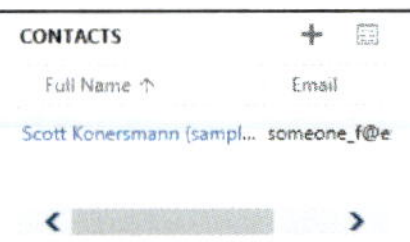 CONTACTS + Full Name ↑ Email Scott Konersmann (sampl... someone_f@e
Zuweisen/Zuordnen	Assign	 ZUWEISEN / ASSIGN
Entitäten (Komponenten)		
(Daten-)Feld • Datum und Zeit • Dezimalfeld • Ganzzahlig • Gleitkomma • Optionsfeld (Zwei) • Optionsfeld (Mehrere) • Suchfeld • Textfeld (Einzeilig) • Textfeld (Mehrzeilig) • Währungsfeld	Attribute (aka Field) • Date and Time • Decimal Number • Whole number • Floating Point Number • Two Options • Option set • Lookup • Single line of text • Multiple Lines of Text • Currency	 1/1/2020 12:00 PM 50.20 10,000 10.00000 ☐ / ☑ oder Yes / No Any Email Phone Fax -- Text DESCRIPTION Text Text €30,000.00
Eingabemaske	Form	
Entitäten (Meist verwendet)		
Aktivität • Termin • Kampagnenaktivität • Kampagnenantwort • Email • Fax • Brief • Telefonanruf • Serientermin • Serviceaktivität • Social Media-Aktivität • Aufgabe	Activity • Appointment • Campaign Activity • Campaign Response • Email • Fax • Letter • Phone Call • Recurring Appointment • Service Activity • Social activity • Task	
Angebot	Quote	
Auftrag	Order	
Bericht	Report	
Fall	Case	
Firma / Unternehmen	Account	
Interessent	Lead	
Kampagne	Campaign	
Konkurrent	Competitor	
(Kontakt-) Person	Contact	
Marketingliste	Marketing list	
Produkt	Product	

Rechnung	Invoice	
Ressource	Resource	
Service	Service	
Ort	Site	
Verkaufschance	Opportunity	
Warteschlange	Queue	
Sonstiges		
Asterisk (als Platzhalter)	Asterisk (as wildcard)	*

Tabelle 13: Übersicht der CRM-Funktionsbezeichnungen in Deutsch und Englisch

Verbindungen vs. Beziehungen

★★★☆

Anwendungsfall: Ich möchte die Geschäftsverhältnisse unserer Kunden im CRM hinterlegen.

Herausforderung

Im CRM habe ich dafür zwei Möglichkeiten: Einerseits kann ich über die Funktion *Verbindung* solche wechselseitigen Geschäftsbeziehungen abbilden. Dann gibt es noch die Möglichkeit, über das Suchfeld auf dem Formular eine *Beziehung* herzustellen. Und dann gab es bis Version 9.0 zusätzlich noch die Funktion *Beziehung über Rollen*, ähnlich wie bei der Funktion Verbindung, um die Art und Weise der geschäftlichen Interaktion abbilden kann.

Mir ist nicht klar wann ich welche Funktion nutzen soll bzw. kann.

Lösung

Um die Vor- und Nachteile der verschiedenen Möglichkeiten zu verstehen, ist es notwendig diese zuerst auseinanderhalten zu können.

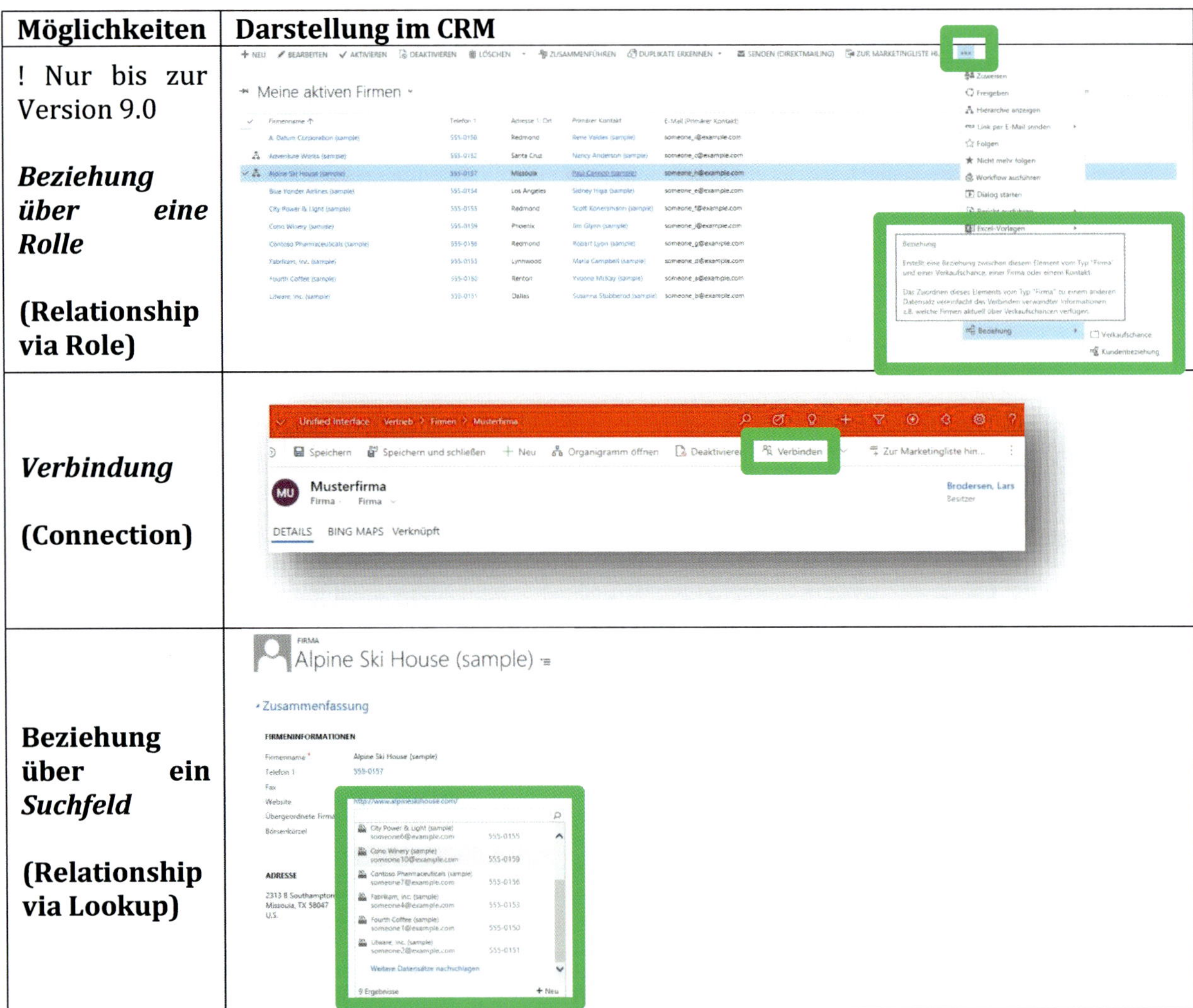

Möglichkeiten	Darstellung im CRM
! Nur bis zur Version 9.0 ***Beziehung über eine Rolle*** **(Relationship via Role)**	
Verbindung **(Connection)**	
Beziehung über ein *Suchfeld* **(Relationship via Lookup)**	

Tabelle 14: Oberflächendarstellung von Beziehungen und Verbindungen

Die *Beziehung über eine Rolle* wurde durch die Funktion *Verbindung* abgelöst. Letztere ist das erste Mal in der CRM-Version 2011 erschienen. Sie umfasst mehr oder weniger alle Entitäten des CRM und nicht nur die für Unternehmen, Kontakt und Verkaufschancen wie die Funktion *Beziehung über eine Rolle*.

Daher war es ratsam nicht mehr die Funktion *Beziehung über eine Rolle* zu nutzen, sondern die *Verbindung*. Sie ist deutlich umfangreicher und soll jetzt hier mit der Möglichkeit, eine Beziehung über ein *Suchfeld* zu erstellen, verglichen werden.

Funktion **Funktions-kriterium**	**Verbindung (Connection)**	**Beziehung über ein Suchfeld (Lookup)**
Operatives CRM		
Anwendung	• Benötigt mehrere Klicks bis zum Ergebnis	• Leicht anwendbar durch die Präsenz im Formular
Konnektivität	• Verbindet Datensätze über nahezu alle Entitäten	• Verbindet zwei Datensätze innerhalb einer Entität oder aus zwei Entitäten
Bereitstellung	• Kann für fast alle Entitäten aktiviert werden • Rollen werden vorher von der Administration angelegt	• Auf alle berechtigten Daten in den beiden Entitäten kann zugegriffen werden
Verständlichkeit	• Über zusätzliches Beschreibungsfeld extra Kontextdefinition möglich • Beide verbundenen Datensätze erhalten eine separate, beschreibende Rolle	• Für jede Beziehung muss ein separates Feld in der Entität angelegt werden • Die kurze Feldbeschreibung muss die anzulegende Beziehung beschreiben
Analytisches CRM		
Durchsuchbarkeit	• Die Verbindungen werden vice versa angelegt, so dass zwei Datensätze im Hintergrund existieren die umständlich herausgefiltert werden müssen	• Kann leicht als Filterkriterium in allen Suchfunktionen genutzt werden und ist leichter zu finden
Auswertung	• Eine Ansicht kann alle Verbindungen (inkl. der vergebenen Rollen) auflisten • Diese Ansicht kann auch in die Eingabemaske integriert werden	• Suchfeld kann als Spalte in alle Ansichten aufgenommen werden • Das Suchfeld ermöglicht Filterungen, limitierte Auswahl und die Schnellanzeige von Informationen des in Bezug gesetzten Datensatzes
Strategisches CRM		
Kategorisierung	• Jede Verbindungsrolle kann kategorisiert und dadurch mit anderen zusammengefasst werden	• Erfolgt eingeschränkt durch den vorbestimmten Zweck, symbolisch durch den Feldnamen dargestellt
Bereitstellung	• Kann von allen Abteilungen genutzt werden, da jede Abteilung ihre definierten Rollen einsetzen kann • Verbindungsrollen können gleichzeitig für mehrere	• Gilt für eine bestimmte Beziehungsart und kann daher eingeschränkt sein für manche Anwendergruppen

	Entitäten freigeschaltet werden	

Tabelle 15: Funktionsvergleich der Funktion Verbindung mit dem Suchfeld

Mit Blick auf die Vor- und Nachteile der beiden Möglichkeiten lässt sich bereits festhalten, dass die *Verbindungen* vorwiegend genutzt werden, um komplexe Geschäftsbeziehungen abzubilden, womit i. d. R. ein erhöhter Aufwand einhergeht. Dieser wird in Kauf genommen, wenn sich daraus der Vorteil ergibt, aufschlussreichere Auswertungen zu bekommen. Je höher also die Notwendigkeit ist, ein umfangreiches Kundenverständnis zu entwickeln, desto intensiver sollten die *Verbindungen* genutzt werden.

Im Folgenden soll an einem Beispiel gezeigt werden wie das jeweilige Ergebnis aussieht, wenn man es mit den beiden Möglichkeiten im CRM erfasst. Dazu wird die oben aufgeführte Tabelle zum Funktionsvergleich genommen und für das Beispiel mit Screenshots versehen.

Das Beispiel: Ein Firmenkunde ist eingebunden in andere Firmennetzwerke – einerseits als Partner von anderen Firmen, andererseits als Tochter eines Mutterkonzerns. Beide Fälle sollen im CRM dokumentiert werden.

Funktion **Funktions-kriterium**	**Verbindung**		**Beziehung über ein Suchfeld**	
Operatives CRM				
Anwendung	1. Datensatz mit Doppel-klick öffnen 2. Funktion Verbindung wählen 3. Firma eintragen, zu der eine Verbindung besteht 4. Rollen eintragen und ab-speichern	Meine aktiven Firmen Firmenname Muster Firma Musterfirma Verbinden Verbinden mit Verbinden mit Name Als diese Rolle Verbunden von Musterfirma Als diese Rolle	1. Datensatz mit Doppelklick öffnen 2. Untergeord-nete Position in der Firmen-hierarchie eintragen	Meine aktiven Firmen Firmenname Muster Firma Musterfirma Übergeordnete Firma Suchen nach Übergeordnete Firma

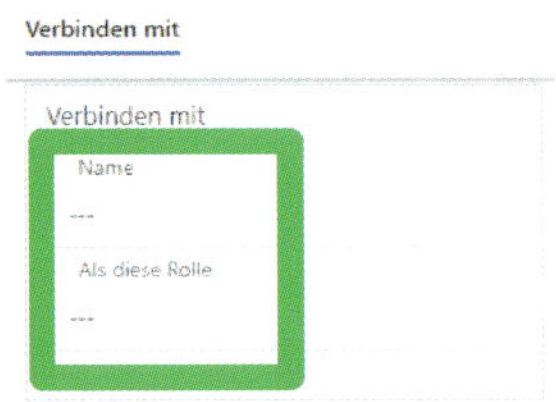

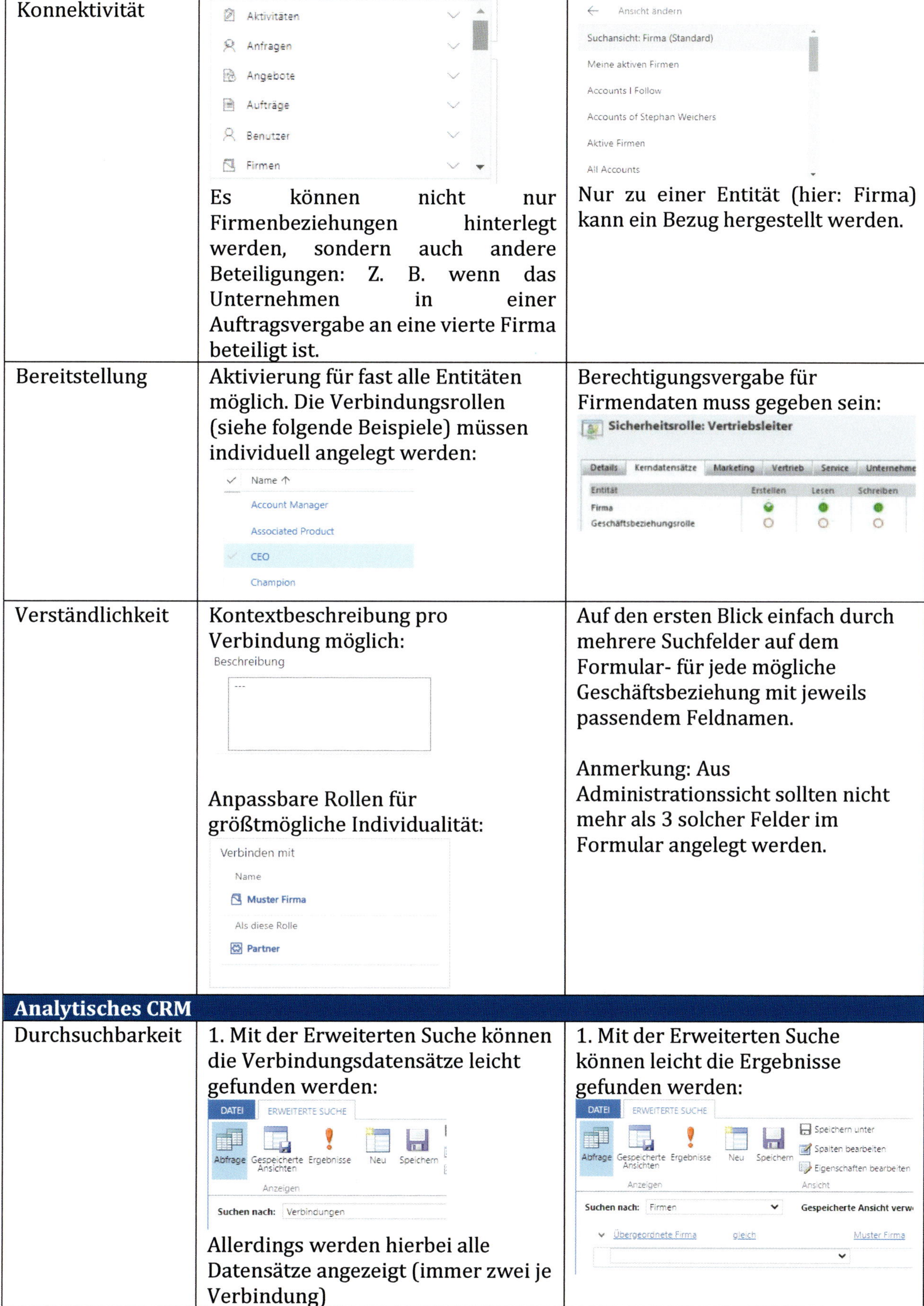

Konnektivität	Aktivitäten Anfragen Angebote Aufträge Benutzer Firmen Es können nicht nur Firmenbeziehungen hinterlegt werden, sondern auch andere Beteiligungen: Z. B. wenn das Unternehmen in einer Auftragsvergabe an eine vierte Firma beteiligt ist.	Ansicht ändern Suchansicht: Firma (Standard) Meine aktiven Firmen Accounts I Follow Accounts of Stephan Weichers Aktive Firmen All Accounts Nur zu einer Entität (hier: Firma) kann ein Bezug hergestellt werden.
Bereitstellung	Aktivierung für fast alle Entitäten möglich. Die Verbindungsrollen (siehe folgende Beispiele) müssen individuell angelegt werden: Name ↑ Account Manager Associated Product CEO Champion	Berechtigungsvergabe für Firmendaten muss gegeben sein: Sicherheitsrolle: Vertriebsleiter Details · Kerndatensätze · Marketing · Vertrieb · Service · Unternehme Entität · Erstellen · Lesen · Schreiben Firma Geschäftsbeziehungsrolle
Verständlichkeit	Kontextbeschreibung pro Verbindung möglich: Beschreibung --- Anpassbare Rollen für größtmögliche Individualität: Verbinden mit Name Muster Firma Als diese Rolle Partner	Auf den ersten Blick einfach durch mehrere Suchfelder auf dem Formular- für jede mögliche Geschäftsbeziehung mit jeweils passendem Feldnamen. Anmerkung: Aus Administrationssicht sollten nicht mehr als 3 solcher Felder im Formular angelegt werden.
Analytisches CRM		
Durchsuchbarkeit	1. Mit der Erweiterten Suche können die Verbindungsdatensätze leicht gefunden werden: DATEI · ERWEITERTE SUCHE Abfrage · Gespeicherte Ansichten · Ergebnisse · Neu · Speichern Anzeigen Suchen nach: Verbindungen Allerdings werden hierbei alle Datensätze angezeigt (immer zwei je Verbindung)	1. Mit der Erweiterten Suche können leicht die Ergebnisse gefunden werden: DATEI · ERWEITERTE SUCHE Abfrage · Gespeicherte Ansichten · Ergebnisse · Neu · Speichern · Speichern unter · Spalten bearbeiten · Eigenschaften bearbeiten Anzeigen · Ansicht Suchen nach: Firmen · Gespeicherte Ansicht verw Übergeordnete Firma · gleich · Muster Firma

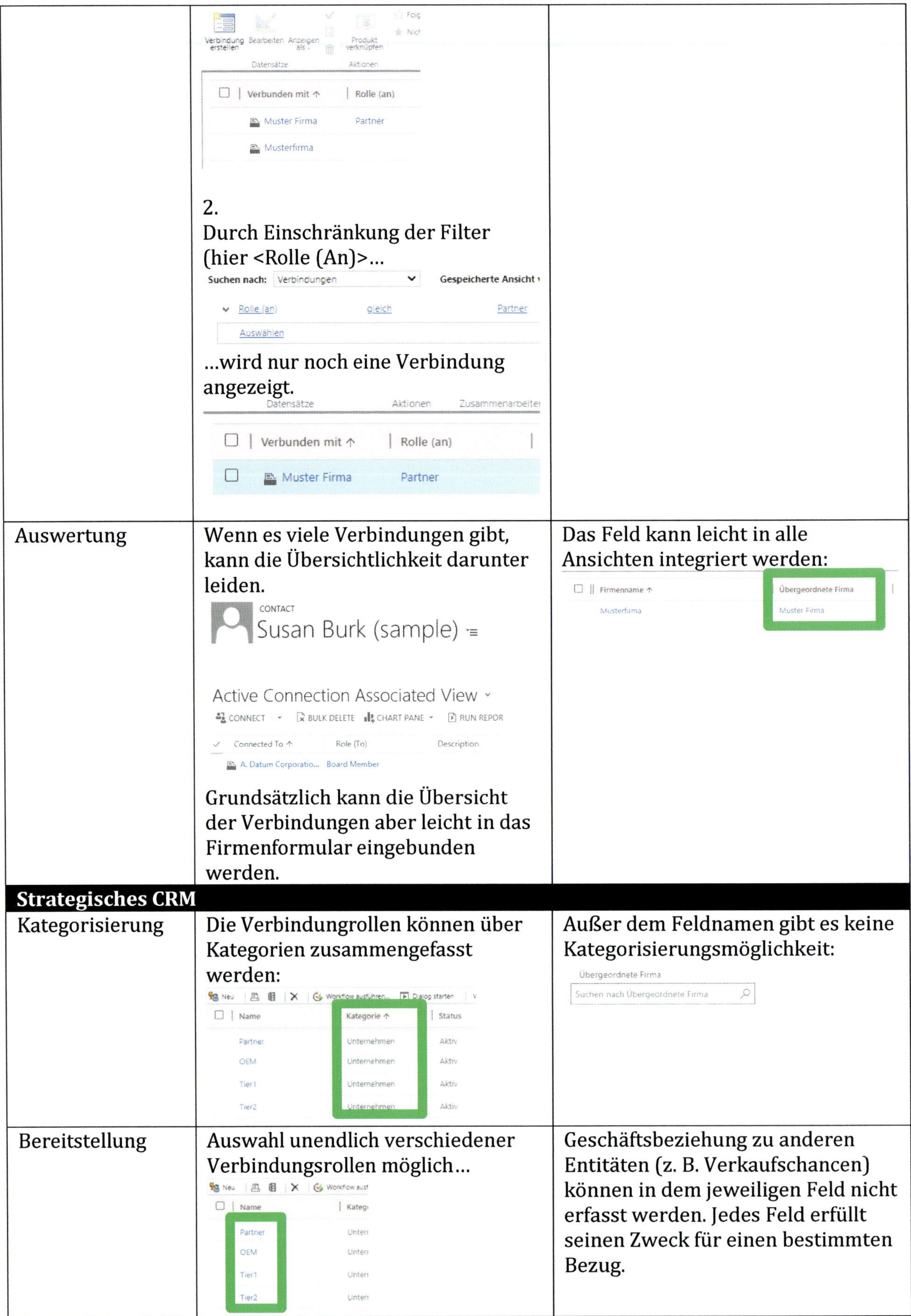

	2. Durch Einschränkung der Filter (hier <Rolle (An)>... ...wird nur noch eine Verbindung angezeigt.	
Auswertung	Wenn es viele Verbindungen gibt, kann die Übersichtlichkeit darunter leiden. Grundsätzlich kann die Übersicht der Verbindungen aber leicht in das Firmenformular eingebunden werden.	Das Feld kann leicht in alle Ansichten integriert werden:
Strategisches CRM		
Kategorisierung	Die Verbindungrollen können über Kategorien zusammengefasst werden:	Außer dem Feldnamen gibt es keine Kategorisierungsmöglichkeit:
Bereitstellung	Auswahl unendlich verschiedener Verbindungsrollen möglich...	Geschäftsbeziehung zu anderen Entitäten (z. B. Verkaufschancen) können in dem jeweiligen Feld nicht erfasst werden. Jedes Feld erfüllt seinen Zweck für einen bestimmten Bezug.

	... die jeweils mit verschiedenen Entitäten kombiniert werden können. 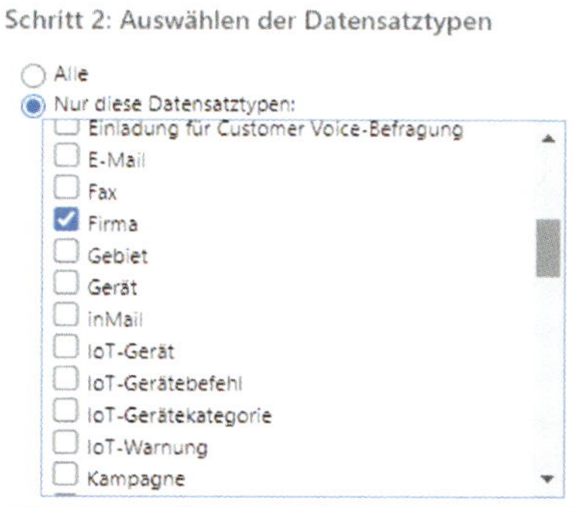 Schritt 2: Auswählen der Datensatztypen ○ Alle ◉ Nur diese Datensatztypen: ☐ Einladung für Customer Voice-Befragung ☐ E-Mail ☐ Fax ☑ Firma ☐ Gebiet ☐ Gerät ☐ InMail ☐ IoT-Gerät ☐ IoT-Gerätebefehl ☐ IoT-Gerätekategorie ☐ IoT-Warnung ☐ Kampagne	

Tabelle 16: Vergleich von Verbindung & Beziehung (über ein Suchfeld) an einem Beispiel

Beide Funktionen unterscheiden sich stark, konkurrieren aber nicht miteinander. Sie erfüllen unterschiedliche Zwecke und müssen deshalb jeweils anders bedient werden. Da netzwerkartige Strukturen mit mehr Details erfasst werden müssen, ist die Bedienung und Suche für *Verbindungen* dementsprechend etwas aufwändiger als für *Bezüge*.

Serientipps - Gewusst wie-Serien für komplexe Funktionen

Die hier enthaltenen Tipps und Tricks sind Anwendungshilfen zu den verschiedensten Funktionen des Microsoft Dynamics CRM. Sie können im Umgang mit allen Informationen und Datenätzen angewendet werden.

Die Serientipps beziehen sich auf Funktionen des CRM-Systems die so umfangreich sind, dass ein paar Einzeltipps nicht ausreichen würden, um alle relevanten Anwendungshilfen zu beschreiben. Serientipps sind mit dem Kürzel *Gewusst wie* markiert.

Sie sind wie die Einzeltipps nach den 5 Dimensionen (Strategisch, Analytisch, Kollaborativ, Kommunikativ und Operativ) aufgeteilt.

Wo immer möglich werden die deutschen Funktionsbegriffe verwendet. Diese Möglichkeit ist nicht immer gegeben, weil es teilweise keine sinngemäße Übersetzung von englischen Begriffen gibt, die denselben Inhalt wiedergeben. Wenn keine eindeutige deutsche Übersetzung vorhanden ist, wird dies im zentralen Glossar am Ende des Buches bei dem jeweiligen Begriff erklärt. Zusätzlich gibt es einen separaten Abschnitt, damit Sie als Leser selbst, im Rahmen der Hilfe zur Selbsthilfe, in die Lage versetzt werden nach Lösungsvorschlägen im Internet zu suchen.

Jede Anwendungshilfe wird in einem praxisnahen Ablauf dargestellt:

- Der Anwendungsfall: Eine generalisierende Beschreibung zum Verständnis
- Die Herausforderung: Die Benennung des Problems in der Handhabung mit dem System
- Die Lösung: Eine bebilderte Beschreibung zur einfacheren Anwendung

Zur Erinnerung anbei erneut die Legende zur Einteilung der Komplexität der Tipps und Tricks.

Legende

Komplexität	**Bemerkung**
★☆☆☆	• Kaum bzw. keine Verwendung der CRM-Begriffe • Knappe und eingängige Inhaltsbeschreibung • Lesedauer: max. 1 min
★★☆☆	• Gelegentliche Verwendung der Terminologie • Prägnante Beschreibung zum Vorgehen • Lesedauer: max. 3 min
★★★☆	• Mehrere CRM-Begriffe werden verwendet • Beschreibung in umfangreicheren Schritten • Umfasst mehrere Benutzereingaben • Lesedauer: max. 10 min
★★★★	• Umfangreiche Nutzung der Terminologie • Praktische Anwendung notwendig • Kombination mehrerer Funktionen gegeben • Zusätzliche Nutzung externer Quellen

Gewusst wie: Excel

Die Anbindung von Microsoft Office Excel an das Microsoft Dynamics CRM ist eine der Funktionen, die über die Jahre und die verschiedenen Versionen des CRM hinweg sehr umfangreich und kontinuierlich von Microsoft vorangetrieben wurde und wird. So wurden mit jeder neuen Version des CRM umfangreiche Veränderungen daran vorgenommen wie Daten zwischen Excel und CRM ausgetauscht werden können.

Um diese Funktionen nutzen zu können, sind grundlegende Kenntnisse der Excel-Funktionen durch die Anwender notwendig. Den Datenaustausch zwischen den Anwendungen zu initiieren stellt für die Anwender hingegen keinen Arbeitsaufwand dar, weil dies meist mit einem Mausklick erledigt ist.

Allerdings gibt es ein paar versteckte oder sehr hilfreiche Funktionsteile, die gut bekannt sein müssen, um sie zu nutzen. Diese werden in diesem Abschnitt aufgegriffen und so erklärt, dass sie leicht genutzt werden können.

Mit Blick auf die vielseitigen Änderungen an der CRM-Excel-Schnittstelle muss, anders als bei den sonstigen Tipps und Tricks, darauf geachtet werden, dass diese nicht für alle CRM-Versionen Gültigkeit besitzen.

Gewusst wie: Bereitstellen einer Importvorlage für Excel

★★☆☆

Anwendungsfall: Kollegen oder ein externer Dienstleister möchten Daten für den Import in das CRM als Excel-Datei bzw. im csv-Format zur Verfügung stellen. Sie möchten ihnen, für die Einhaltung einer einheitlichen Datenstruktur, eine Vorlage zur Verfügung stellen.

Herausforderung

Datenlieferungen ohne eine abgestimmte Vorlage führen zu einem hohen administrativen Aufwand. Teilweise führt auch die Qualität der Daten zu Fehlermeldungen oder Abbrüchen beim Importvorgang.

Lösung

Öffnen Sie die Entität, für die Sie die Daten erwarten. Klicken Sie auf den kleinen Pfeil neben dem Button *Daten importieren* und wählen Sie *Vorlage für Import herunterladen.*

Screenshot 123: Herunterladen einer Importvorlage über die Menüfunktion

Danach können die Tabelle und die gewünschte Ansicht sowie deren Spalten gewählt werden.

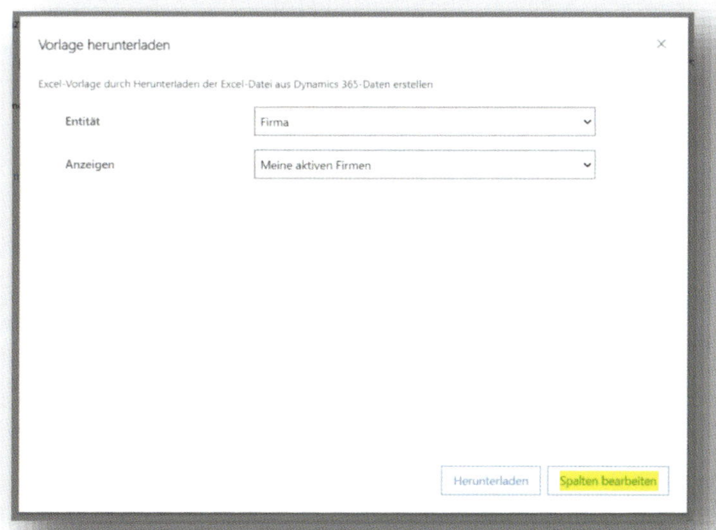

Screenshot 124: Auswahl von Tabelle und Ansicht für den Download einer Excel-Vorlage

Das Ergebnis ist eine leere Excel-Vorlage inkl. Formatvorgaben (z. B. Feldlängen).

Gewusst wie: Export von Notizen nach Excel (Erweiterte Suche, veraltete Version)

★★★A

Anwendungsfall: Als Vorbereitung für einen Termin ist es hilfreich, die eigenen Notizen ausgedruckt zur Verfügung zu haben.

Herausforderung

Mit Hilfe der Erweiterten Suche nach z. B. Firmen lassen sich diese Datensätze nach Excel exportieren.

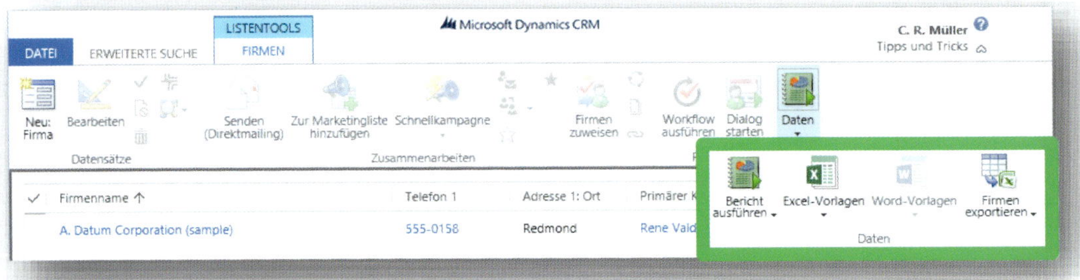

Screenshot 125: Export von Datensätzen aus der Erweiterten Suche Teil 1

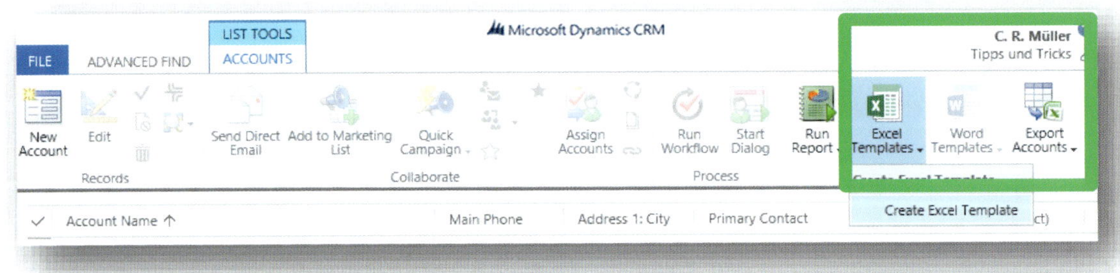

Screenshot 126: Export von Datensätzen aus der Erweiterten Suche Teil 2

Dazu erscheint nach dem Anzeigen der Ergebnisse der notwendige Button.
Für den Export der Notizdatensätze aber gibt es den Button nicht.

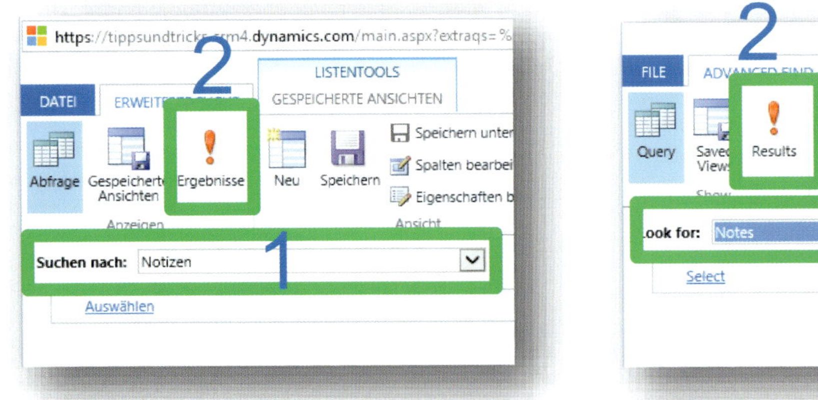

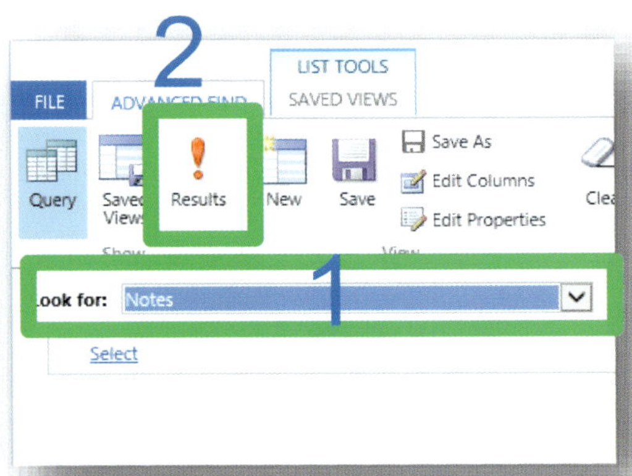

Screenshot 127: Auswahl der Notiz-Entität in der Erweiterten Suche

Er erscheint nicht an der gewohnten Stelle nach dem Anzeigen der Ergebnisse.

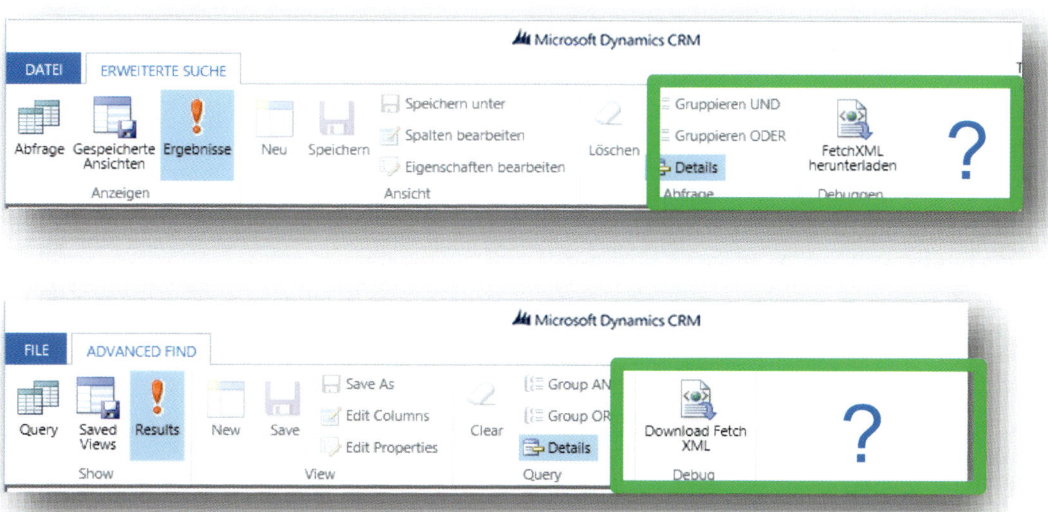

Screenshot 128: Fehlender Download-Button für Notiz-Datensätze

Lösung

Der Button *In eine Excel-Tabelle exportieren* existiert, befindet sich allerdings etwas versteckt in der oberen linken Ecke der Ansicht.

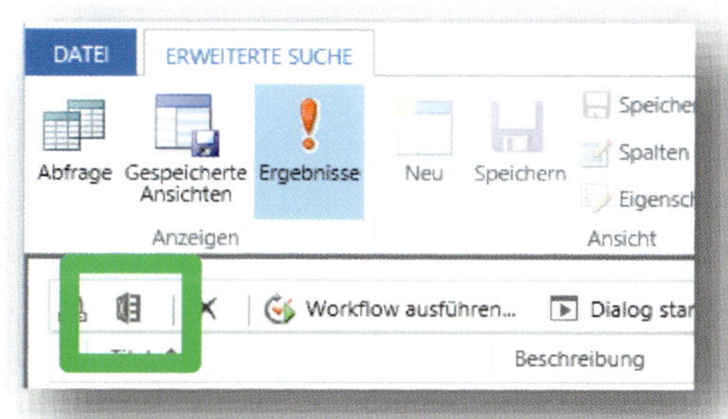

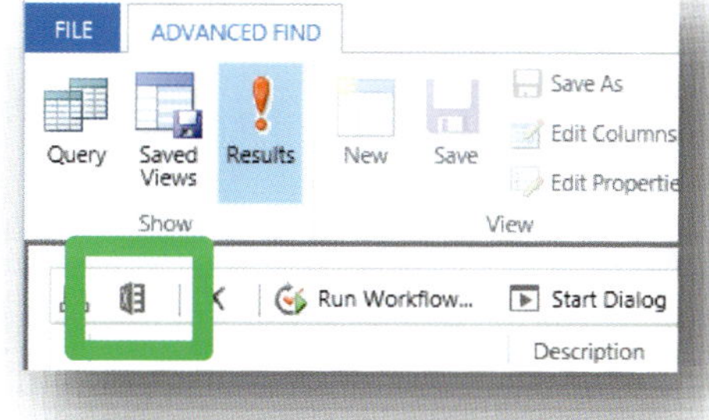

Screenshot 129: Download-Button für Notiz-Datensätze

Gewusst wie: Statische oder dynamische Tabelle

★★☆☆

Anwendungsfall: Ich möchte CRM-Daten in Excel verwenden. Für den Excel-Export kann ich zwischen dynamischen sowie statischen Informationen auswählen.

Herausforderung

Ich verstehe zwar die Begriffsunterschiede, aber nicht die technischen Auswirkungen meiner Auswahl.

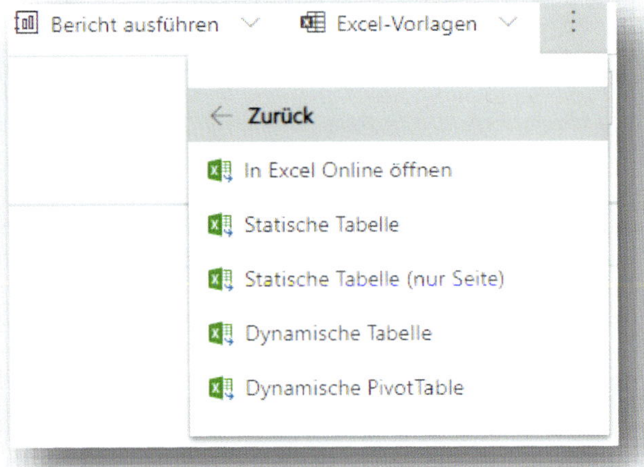

Screenshot 130: Möglichkeiten des Excel-Exports

Mit der Auswahl *In Excel Online öffnen* können mehrere CRM-Daten schnell mit Excel-Funktionen bearbeitet werden. Diese Auswahl bietet zwar dieselben technischen Funktionen wie der statische oder dynamische Export, kann aber vom Anwender nicht weiter gesteuert werden und wird deshalb hier nicht extra beschrieben.

Lösung

Das Wort *Statisch* heißt in diesem Zusammenhang, dass die Daten einmalig nach Excel übergeben werden. *Dynamisch* meint in diesem Zusammenhang, dass eine Excel-Datei erstellt wird, die lediglich die Filtereinstellungen und Spalten beinhaltet, die Daten aber aktuell abruft.

Funktion	Statisch	Dynamisch
Datenverfügbarkeit	Die Daten sind in der Datei selbst vorhanden.	Daten werden beim Öffnen der Datei live aus dem CRM abgerufen.
Berechtigung	Es wird keine Einschränkung anhand von Berechtigungen vorgenommen.	Die Person benötigt CRM-Berechtigungen und sieht in der Exceldatei nur die freigegebenen Daten.
Kontext	Die Zellen unterliegen, bis auf die Optionsfelder, keinen Beschränkungen.	Pro Spalte erscheinen Hinweisfelder, die z. B. die maximal erlaubte Anzahl an Zeichen pro Feld erläutern.
Importmöglichkeit	Die Daten können nach der Überarbeitung re-importiert werden.	Die Daten können importiert werden. Daten in Excel Pivot können nicht re-importiert werden.

Tabelle 17: Vergleich vom statischen und dynamischen Excel-Export

Für die Überflieger:

Bei der dynamischen Datenbereitstellung empfiehlt es sich, zuerst die Datei abzuspeichern und erst danach zu öffnen und die Informationen abzurufen. Das sofortige Öffnen führt erfahrungsgemäß manchmal zu Fehlermeldungen. Zusätzlich wird empfohlen, Excel selbst zu starten und von dort die Excel-Datei zu öffnen, anstatt die Datei per Doppelklick zu öffnen.

Für den Export von Daten in eine dynamische Pivot-Tabelle muss CRM für Outlook (auch bekannt als *Outlook Client*) installiert sein. Diese Funktion ist auch nicht für jede Entität oder Ansicht verfügbar, z. B. nicht für die Ansicht *Firmen: Keine Kampagnenaktivitäten in den letzten 3 Mon.*

Gewusst wie: Suche

Die folgenden Tipps und Tricks zielen auf die Möglichkeiten der Suche im Microsoft Dynamics CRM ab. Meist nur intuitiv durch die Anwender durchgeführt, gestaltet sich die Suchen nach mehreren oder verbundenen Daten aber durchaus komplex.

Denn in den meisten Fällen ist es schwierig zu definieren, wo mit der Suche begonnen werden soll. Im Microsoft Dynamics kann hierfür in der Navigation, in Entitäten, Überschriften, mit Suchfeldern, in Datenfeldern selbst und Ansichten gesucht werden.

Welche Methode der Suche angewendet wird, hängt also hauptsächlich davon ab *Wonach* und *Wo* gesucht werden soll.

Zusätzlich können Filter eingesetzt werden, um Suchergebnisse zu bekommen. Dabei können die Variablen UND, ODER, NICHT (z. B. Enthält nicht), < bzw. >, Älter als und viele weitere eingesetzt werden.

Dementsprechend vermitteln die Anwendungshinweise dieser Reihe eine Orientierungshilfe, um schnell und effektiv mit vorab erfassten und bearbeiteten Informationen weiterarbeiten zu können. Daraus ergibt sich dann auch dass alle Tipps und Tricks der Dimension des analytischen CRM zugeordnet sind.

Gewusst wie: Die verschiedenen Arten der Suche

★★★★

Anwendungsfall: Verwenden der richtigen Suchfunktion in Relation zu der Komplexität der zu analysierenden Daten.

Herausforderung

In CRM gibt es verschiedene Möglichkeiten der Suche. Intuitiv verwende ich meist die Richtige, aber die Unterschiede sind mir nicht ganz klar. Sprich: *Wann* benutze ich *Welche* Suchfunktion?

Lösung

Zuerst einmal kommt hier eine Übersicht der sieben versch. Suchmöglichkeiten.

1. Suchfunktion - **Moderne Erweiterte Suche**[32]:

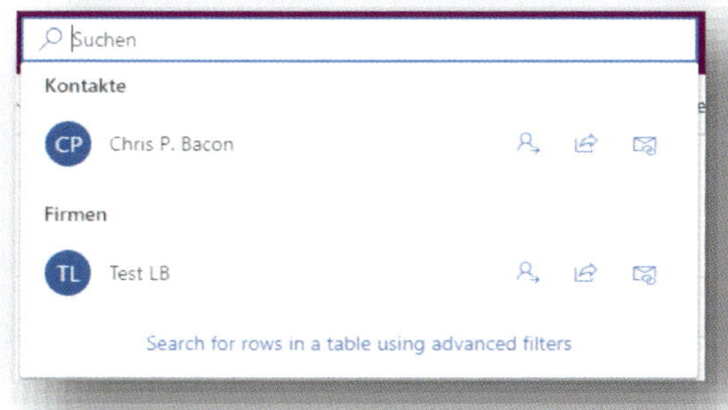

Screenshot 131: Funktionsaufruf der Modernen Erweiterten Suche

Quelle: https://learn.microsoft.com/en-us/power-platform-release-plan/2022wave2/power-apps/modern-advanced-find-turned-default

Von der **Modernen Erweiterten Suche** kann mit einem Klick auf die **Erweiterte Suche** umgeschaltet werden. Am Fuß der Suchergebnisse ist dafür ein blauer Link[33], der eine Liste von Tabellen anzeigt, in denen man filtern kann, wenn man daraufklickt.

2. Suchfunktion - **Erweiterte Suche**[34]:

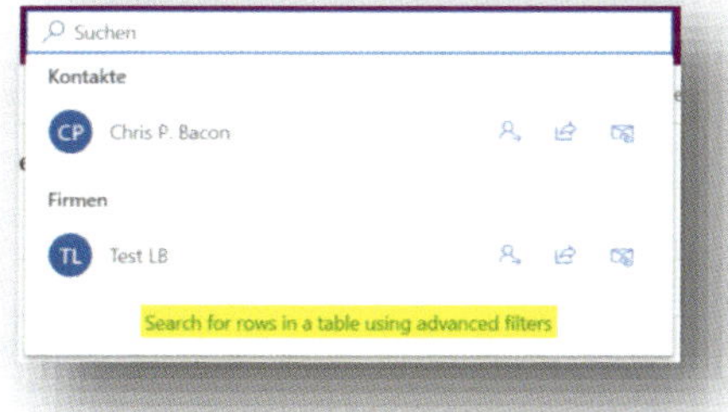

Screenshot 132: Aufruf der Erweiterten Suche über die Moderne Erweiterte Suche

---

[32] Mit der Version 2016 Update 1 wurde die Globale Suche aufgeteilt in die *Suche nach Kategorie* und die *Suche nach Relevanz*. Im Oktober 2022 wurde dann die Globale Suche abgeschafft und die Moderne Erweiterte Suche als Standardsuche aktiviert.

[33] Teile der grafischen Oberfläche waren noch nicht vollständig von Microsoft übersetzt, als ich die Screenshots der neuen Funktionen in deutscher Sprache gemacht habe.

[34] Teile der grafischen Oberfläche waren noch nicht vollständig von Microsoft übersetzt, als ich die Screenshots der neuen Funktionen in deutscher Sprache gemacht habe.

In einer früheren Version von MS CRM konnte man die **Erweiterte Suche** über einen Button (siehe folgender Screenshot) direkt in der Navigationsleiste aufrufen. Dieser direkte Aufruf wurde im Oktober 2022 durch die Einführung der Modernen Erweiterten Suche (siehe weiter oben) aus der Navigationsleiste entfernt.

Screenshot 133: Funktionsaufruf der Erweiterten Suche (veraltete Funktion)

Weshalb das so implementiert wurde, wird in der Vergleichstabelle etwas weiter unten erklärt.

3. Suchfunktion - **Filtern in Ansicht**[35] (Spaltenfilter und Erweiterter Filter):

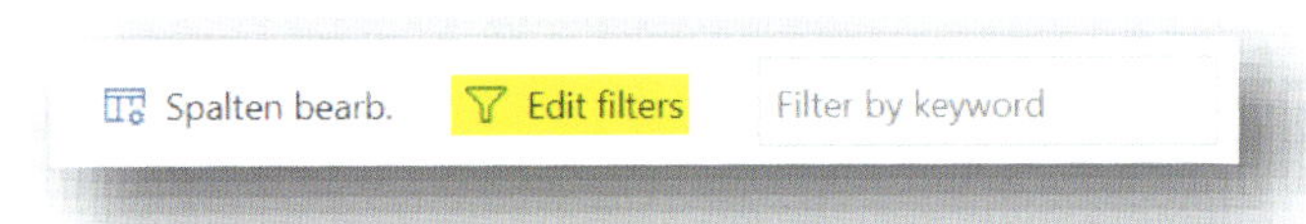

Screenshot 134: Funktionsaufruf der Ansichtsfilterung

Mit der Funktion **Filtern in Ansicht** können die vorausgewählten Filterkriterien für die gewählte Ansicht angepasst werden.

Hier ein kurzer Hinweis zu den Suchfunktionen **Erweiterte Suche** und **Filtern in Ansicht:** In früheren Versionen vom MS CRM waren dies zwei komplett getrennte Funktionen für unterschiedliche Suchintentionen der Anwender. Und auch wenn sie hier im Buch als zwei verschiedenen Funktionen aufgeführt sind, ist es technisch mittlerweile dieselbe Funktion. Als Anwender führt der Klick auf den Button für die Funktion nämlich schlussendlich zum selben Anwendungsfenster. Hier wurden im Grunde zwei frühere Funktionen miteinander verheiratet und die Benutzeroberfläche so gestaltet, dass versch. Suchanforderungen damit unterstützt werden aber vordergründig leicht zu bedienen sind.

4. Suchfunktion - **Suche nach Schlüsselwort**[36]:

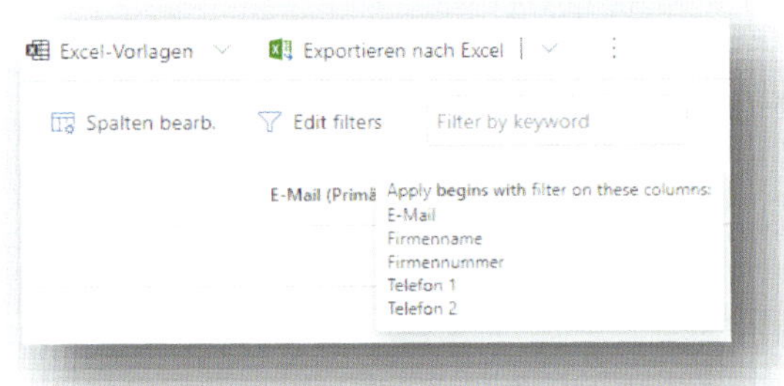

Screenshot 135: Funktionsaufruf Suche nach Schlüsselwort

---

35 Teile der grafischen Oberfläche waren noch nicht vollständig von Microsoft übersetzt, als ich die Screenshots der neuen Funktionen in deutscher Sprache gemacht habe.

36 Teile der grafischen Oberfläche waren noch nicht vollständig von Microsoft übersetzt, als ich die Screenshots der neuen Funktionen in deutscher Sprache gemacht habe.

Hinweis für OnPrem-Nutzer: Vormals wurde dies Schnellsuche genannt und sah so aus.

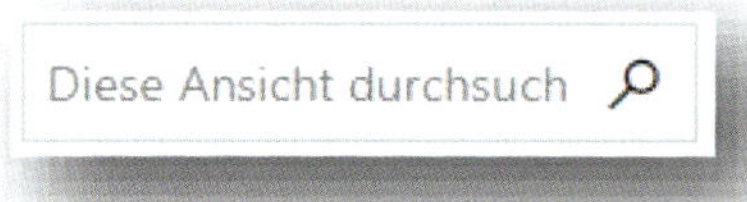

Screenshot 136: Funktionsaufruf der Schnellsuche (Veraltete Funktion, ersetzt durch Suche nach Schlüsselwort)

An der grundlegenden Funktionsweise hat sich nichts geändert. In der **Suche nach Schlüsselwort** wird nun allerdings angezeigt, welche Spalten in der aktuellen Ansicht für die Schlüsselwortsuche verwendet werden. In der vorherigen Funktion (Schnellsuche) war dies immer ein Ratespiel für die Anwender.

5. Suchfunktion - **Ansicht mit integriertem Diagramm**:

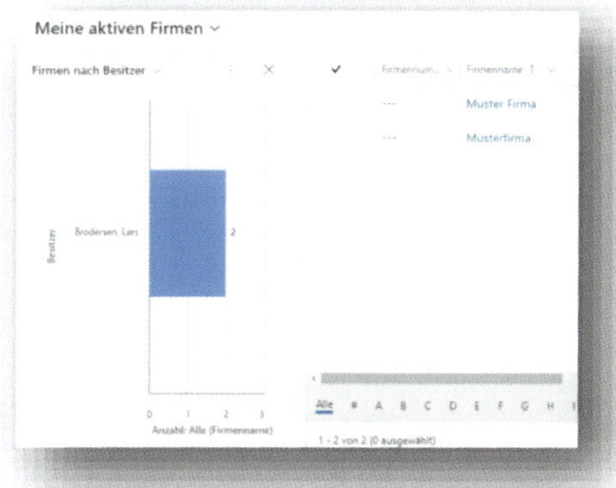

Screenshot 137: Ansicht mit eingeblendetem Diagramm

6. Suchfunktion - **Excel Export** (Excel Pivot):

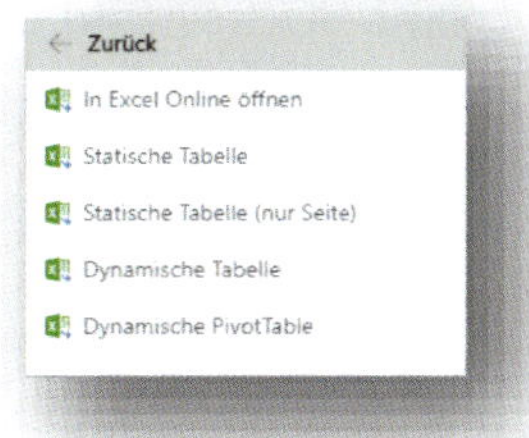

Screenshot 138: Funktionsaufruf des Excel-Exports aus dem Menü

7. Suchfunktion – **Sortierung**

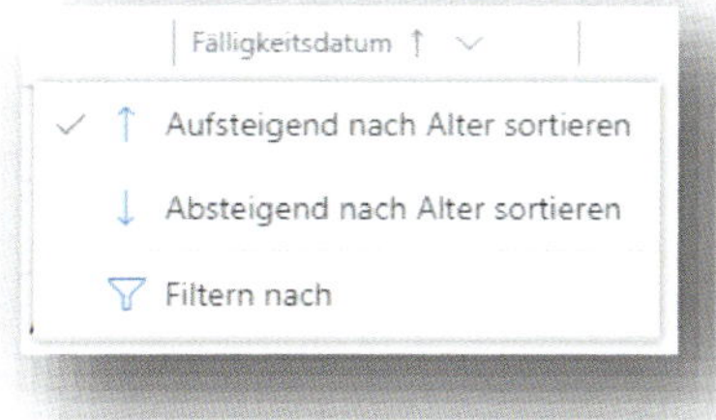

Screenshot 139: Sortierfunktion für Spalten

Die folgende Tabelle zeigt die sieben Funktionen noch einmal im Zusammenhang, aber anders aufgeteilt je nachdem für welche Anforderung sie jeweils gedacht sind. Ganz links ist die 4. Suchfunktion - **Suche nach Schüsselwort** aufgelistet, weil sie die am einfachsten zu verwendende Funktion ist. Immer noch intuitiv, aber mit mehr Funktionsdetails versehen, folgt die 7. Suchfunktion – **Sortierung**. Je weiter von links nach rechts wir in der Tabelle gehen, desto weniger intuitive Suchen werden mit den Funktionen durchgeführt, sondern immer komplexere und verschachtelte (heuristische) Suchformen finden hier statt:

Suchverfahren	**Intuitiv**				→ Übergang →		**Heuristisch**
(Such-)Funktion **Kriterien**	4. Suche nach Schlüsselwort	7. Sortierung	5. Ansicht mit integriertem Diagramm	3. Filtern in Ansicht	1. Moderne Erweiterte Suche	2. Erweiterte Suche[37]	6. Excel (Excel Pivot)
Suche ist ideal für folgende Datenkomplexität:							
• Leicht	X	x			x		
• Mittel			x	x			
• Hoch				└	→	x	x
Suche bietet technische Unterstützung für:							
• Eine Entität	X	x	x	x			x
• Mehrere Tabellen		x*	x*	x*	x	x	x*
• UND-ODER-Beziehungen			x**	x		x	x
• Visualisierung			x				x

Daher ist es in einem Training angeraten, die Schulung für die Suche nach Informationen im MS CRM ebenso von links nach rechts aufzubauen.

Wer das MS CRM schon etwas länger kennt – Hier noch eine ergänzende Erklärung: Die **Moderne Erweiterte Suche** hat die vorherige **Globale Suche** ersetzt. Sie unterstützt damit die intuitive Form der Suche, hat aber durch Einbettung des Links und der damit angebundenen **Erweiterten Suche** einen Übergang zur heuristischen Form der Suche integriert.

Mit Blick auf die Tabelle unten wird es noch etwas klarer: Früher haben die Anwender entweder intuitiv oder heuristisch gesucht, mussten sich aber irgendwie über die Unterschiede im Klaren sein. Mit der Verknüpfung der **Modernen Erweiterten Suche** (vormals Globale Suche) und der **Erweiterten Suche** ist es für den Anwender leichter geworden zwischen den Suchformen zu wechseln.

Für die Nostalgiker: So sah der Vergleich vorher aus.

Suchverfahren	**Intuitiv**						**Heuristisch**	
(Such-)Funktion **Kriterien**	Globale Suche[38]	Schnell-suche	Sortie-rung	Filtern in Ansicht	Ansicht mit integriertem Diagramm	Ansicht mit Absprungleiste[39]	Excel (Excel Pivot)	Erweiterte Suche
Suche ist ideal für folgende Datenkomplexität:								
• Leicht	X	x	x			x		
• Mittel				x	X			
• Hoch							x	x
Suche bietet technische Unterstützung für:								
• Eine Entität		x	x	x	X	x	x	
• Mehrere Tabellen	X		x*	x*	x*	x*	x*	x

[37] Die Suchfunktion **Erweiterte Suche** und die Suchfunktion **Filtern in Ansicht** führen zur selben Funktion. Nur die Suchintention des Anwenders bestimmt letztlich nun noch, welche Funktionsdetails er/sie von der Funktion benötigt und wie komplex damit die Handhabung schlussendlich wird.

[38] Für Dynamics CRM 2016 Online, Update 1: Die *Suche nach Kategorie* entspricht der ursprünglichen Funktion der Globalen Suche und ist damit eine intuitive Form der Suche. Die *Suche nach Relevanz* entspricht dagegen einer heuristischen Suche (z. B. wird nach Wortkombinationen unter Berücksichtigung des Abstandes im Text gesucht) und wird durch eine Indexierung aller CRM-Daten erreicht.

[39] Diese Funktion wurde Beginn 2022 von Microsoft entfernt und war vorrübergehend nur noch als Custom Control verfügbar.

• UND-ODER-Beziehungen				x	x**		x	x
• Visualisierung					X		x	

Tabelle 18: Übersicht der CRM-Suchfunktionen und ihrer Kriterien

* Dazu müssen in der Ansicht die Spalten aus einer anderen Entität enthalten sein
** Mit jeder weiteren Auswahl kommt eine weitere UND-Bedingung hinzu

Zur Erinnerung: Die Möglichkeiten der Unterscheidung der verschiedenen Suchmöglichkeiten (intuitiv vs. heuristisch und analytisch vs. transaktional) wurden in einem Abschnitt am Anfang des Buches im Kapitel *Technologische Grundlagen* beschrieben: Abschnitt *Die Suche nach Kundeninformationen*

Gewusst wie: Sortieren in Ansichten

★☆☆☆

Anwendungsfall: Ich möchte sehen was mich morgen erwartet.

Herausforderung

Es kann eine große Menge Daten in einer Ansicht geben, wie z. B. Aktivitäten inklusive deren Fälligkeitsdatum. Die Sortierung ist nicht immer hilfreich, weil trotzdem viele irrelevante Daten in der Ansicht angezeigt werden.

Lösung

Navigieren Sie zur Ansicht und klicken Sie auf den Pfeil-Button neben der Spaltenüberschrift.

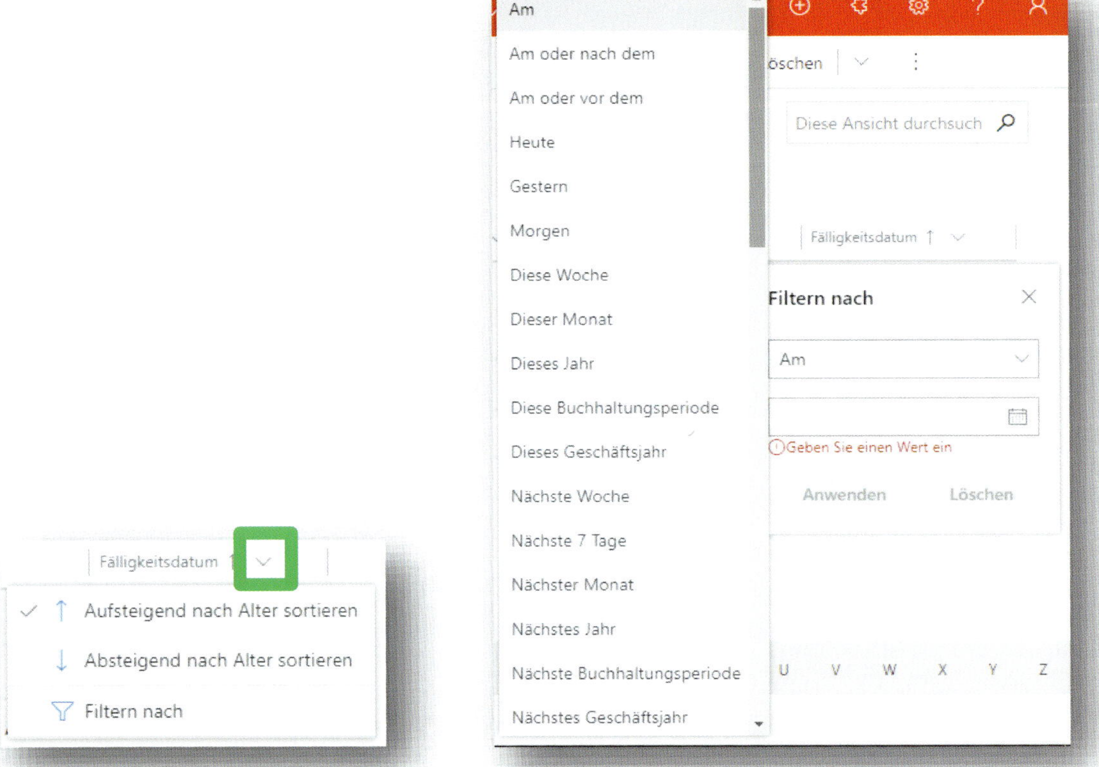

Screenshot 140: Aufruf der Filterfunktion in einer Ansicht:

Setzen Sie danach den Filter -Je nachdem welcher Datentyp (z. B. Daten, Freitext, Optionsfeld usw.) verwendet wurde, ergeben sich individuelle Filtermöglichkeiten für die Spalte.

Gewusst wie: Suche nach Datum

★★☆☆

Anwendungsfall: Finden der richtigen Kontakte beim Suchen nach Datumsangaben für das Geburtsdatum.

Herausforderung

Vergleicht man die ältere Version der Erweiterten Suche mit der neuen Version, gibt es einen Unterschied bei der Suche nach einem Datum. Grundsätzlich sind alle Filtermöglichkeiten spezifisch, z. B. *Letzte X Jahre* oder *Gestern*. Es gibt in der alten Version allerdings drei und in der neuen Version zwei unspezifische Optionen.

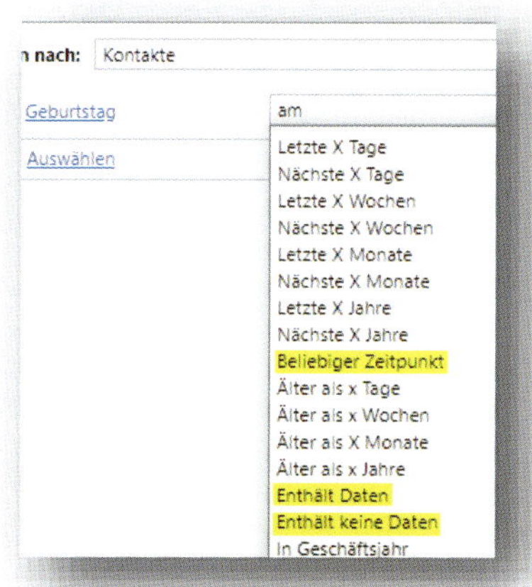

Screenshot 141: Filteroptionen in der alten Version

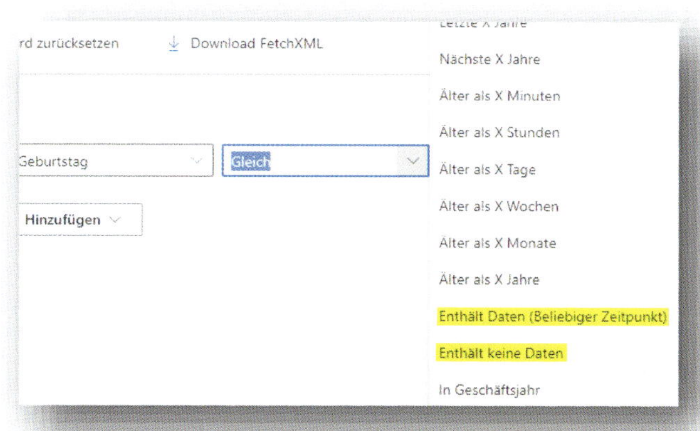

Screenshot 142: Filteroptionen in der neuen Version

Die Frage ist, welche Unterschiede gibt bzw. gab es (in der alten Version) zwischen den drei Werten und ist mit den zwei Optionen (in der neuen Version) jetzt alles eindeutig?

Lösung

Was in der alten Version noch verwirrend war, ist in der neuen Version der Erweiterten Suche sehr eindeutig. Die Option *Beliebiger Zeitpunkt* hat sich schon immer wie die Option *Enthält Daten* verhalten, so dass es konsequent war die beiden Optionen zusammenzulegen in der neuen Version. Denn bereits in der alten Version haben beide Optionen zum selben Ergebnis geführt.

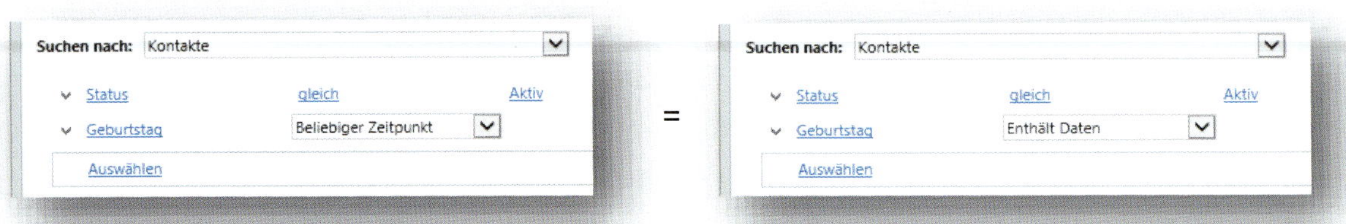

Screenshot 143: Gleiche Suchmöglichkeit für Datumsfelder in der Erweiterten Suche (alte Version)

Damit gibt es nun auch keine Verwirrung mehr zu diesem unten angezeigten Filter in der alten Version. Denn die Option *Beliebiger Zeitpunkt* konnte schnell verwechselt werden mit dem Weglassen der Filtereinstellung.

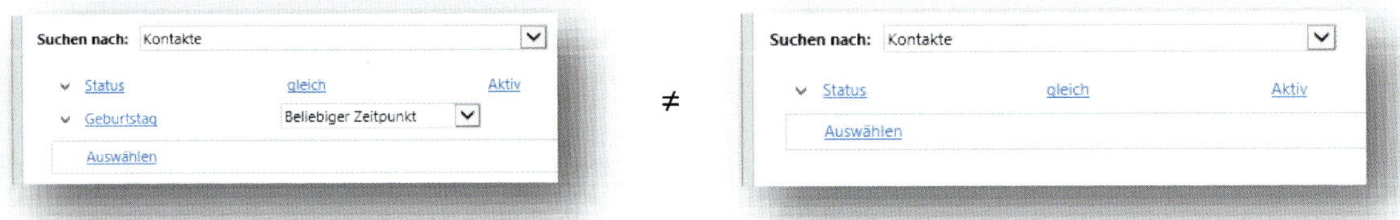

Screenshot 144: Filtermöglichkeiten „Jederzeit" und „Ohne" für Datumsfeld in der Erweiterten Suche (alte Version)

Da nun aber deutlicher herausgestellt wird, dass *Beliebiger Zeitpunkt* der Option *Enthält Daten* entspricht, wird klarer weshalb es Unterschiede in den angezeigten Datensätzen gibt im Vergleich zw. *Beliebiger Zeitpunkt* und dem vollständigen Weglassen der Option.

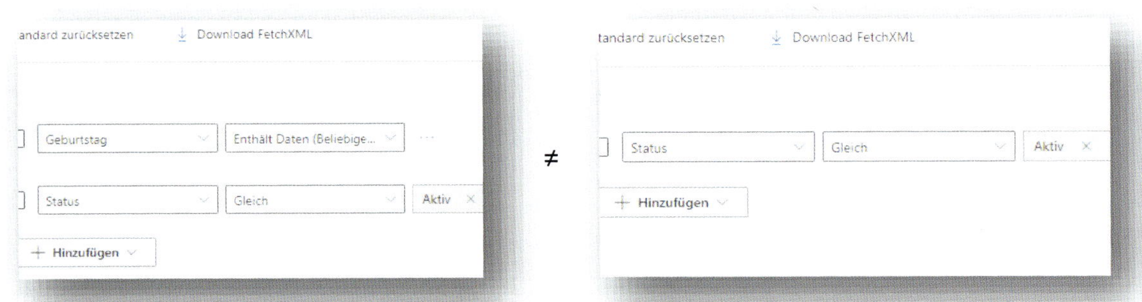

Screenshot 145: Filtermöglichkeit "Jederzeit" und "Ohne Angabe" für Datumfeld in der Erweiterten Suche (neue Version)

Für Anwender, die nur die neue Version kennen, wird dieser Punkt wahrscheinlich keinerlei Verwirrung erzeugen und selbsterklärend sein. So lässt sich aber zumindest erklären, weshalb die Option *Enthält Daten* um den Zusatz *Beliebiger Zeitpunkt* erweitert wurde, was eher untypisch für das MS CRM und der Vergangenheit geschuldet ist.

Gewusst wie: Suche nach Daten anhand ihres Kontextes

★★☆☆

Anwendungsfall: Ich suche in einem Besuchsbericht nach einem kundenspezifischen Wort, erinnere mich aber nur noch an den ungefähren Wortlaut meiner Mitschrift.

Herausforderung

Ich suche nach Informationen im Formular in einer großen Textmenge (z. B. Besuchsbericht).

Lösung

Bei der Arbeit im Browser (hier am Beispiel des Internet Explorers) kann man mit Strg+F die Suchfunktion des Browsers aufrufen.

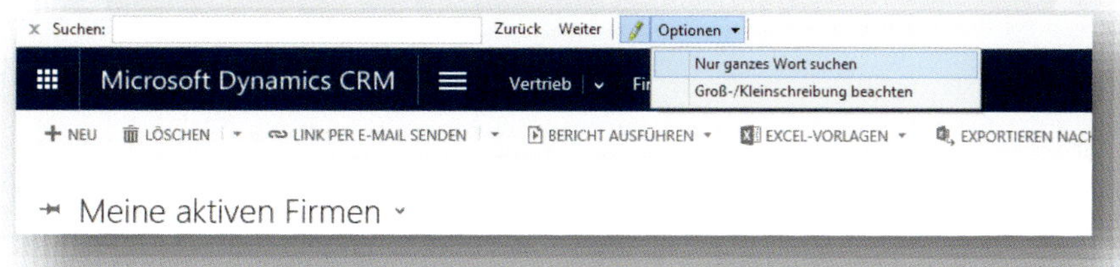

Screenshot 146: Suchfunktion des Browsers (Internet Explorer)

Die Suche liefert dann Ergebnisse des gesamten Bildschirms wieder.

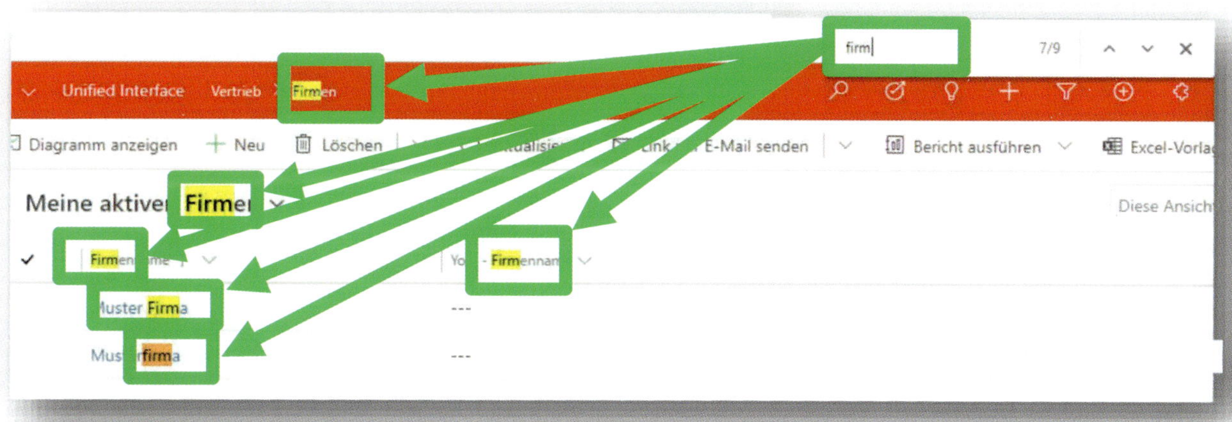

Screenshot 147: Suchergebnisse nach Browsersuche

So können auch in einer größeren Menge von Text sehr leicht Informationen gefunden werden.

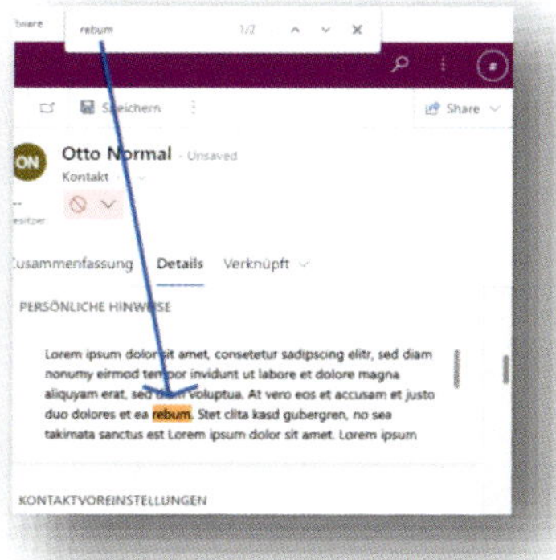

Screenshot 148: Browsersuchfunktion zur Identifikation von Informationen in großen Textmengen

Gewusst wie: Verwenden von Platzhaltern

★☆☆☆

Anwendungsfall: Auffinden eines Datensatzes trotz fehlender Informationen.

Herausforderung

Wenn der Firmenname nicht genau bekannt oder falsch geschrieben ist, wird das CRM keine richtigen Suchergebnisse liefern. Dafür fehlt die semantische Suchfunktion die ähnliche Zeichenketten erkennt.

Lösung

Lösung 1: Für jede Suche kann das Asterisk-Zeichen (*) genutzt werden. Es funktioniert wie ein Platzhalter und ersetzt Zeichen oder Zeichenfolgen.

Platzieren Sie dazu das Asterisk vor oder während der Zeichen, wo Sie es als Platzhalter verwenden möchten.

Beispiel: Gesucht werden soll 80239023 oder 8023 9023.
Lösung: Suchen Sie mit *8023*9023 oder, sehr extrem, mit *8*0*2*3*9*0*2*3.
Aber Achtung: Beide Suchen können 80239023 oder aber auch 80236669023 als Ergebnis liefern.

Die Asterisk-Suche funktioniert mit allen Zeichen, z. B. auch mit einer Suche nach Firmen, deren E-Mail-Adresse bekannt ist, wie bei *@microsoft.com.

Gewusst wie: Personalisieren des CRM-System

Ein wesentliches Erfolgskriterium für ein CRM-System ist die Anwenderakzeptanz, die durch zwei wesentliche Punkte erreicht werden kann.

Die erste ist die Benutzerfreundlichkeit (Usability). Unter diesem Aspekt werden hauptsächlich die Lernbarkeit und die Bedienbarkeit eines Systems verstanden. Sie tragen maßgeblich zur Anwenderakzeptanz bei, können aber erst bei Verwendung des Systems bewertet werden.

Ins Auge fällt dagegen immer zuerst das Aussehen der Anwendung, die einen ersten Rückschluss auf die Gebrauchstauglichkeit (User Experience) zulässt. Darunter werden hauptsächlich die Interaktionsaspekte verstanden die die Anwender vor, während und nach der Anwendung erwarten. Das bedeutet die Qualitätsmerkmale für ein als angenehm empfundenes System müssen gestärkt werden, indem die Wahrnehmung der Anwendungsoberfläche und die gezeigten Reaktionen auf Benutzereingaben den Erwartungen entsprechen bzw. diese übererfüllen.

Da die Grenze zwischen Benutzerfreundlichkeit (engl. Usability) und Gebrauchstauglichkeit (engl. User Experience) mitunter fließend ist, ist hier hauptsächlich von Personalisierung die Rede und vereint alle Aspekte, die den Anwendern den Umgang mit dem System erleichtern bzw. angenehmer gestalten und durch sie selbst vorgenommen werden können. Damit können zwar keine Systemreaktionen auf Benutzereingaben verändert, aber das erste visuelle Empfinden durch die Anwender selbst verbessert werden.

Gewusst wie: Anzeigen von mehr als 50 Zeilen in der Ansicht

★★☆☆

Anwendungsfall: Die Anzahl der angezeigten Datensätze ist 50, ich brauche aber mehr in der Ansicht, um einen effektiven Überblick zu erhalten.

Herausforderung

Im Standard werden nur 50 Zeilen pro Ansicht angezeigt. Mir ist aber nicht bekannt wo ich das umstellen kann.

Lösung

Klicken Sie auf die Persönlichen Einstellungen und navigieren Sie zu den *Optionen*.

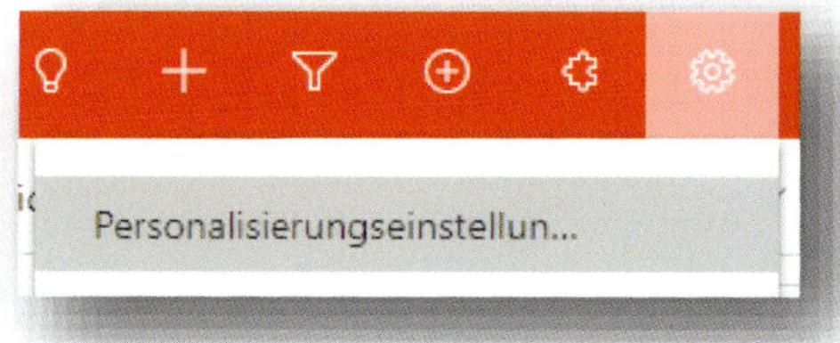

Screenshot 149: Aufruf der Persönlichen Einstellungen

Im Register *Allgemein* können Sie im Feld *Datensätze pro Seite* die Anzahl auf maximal 250

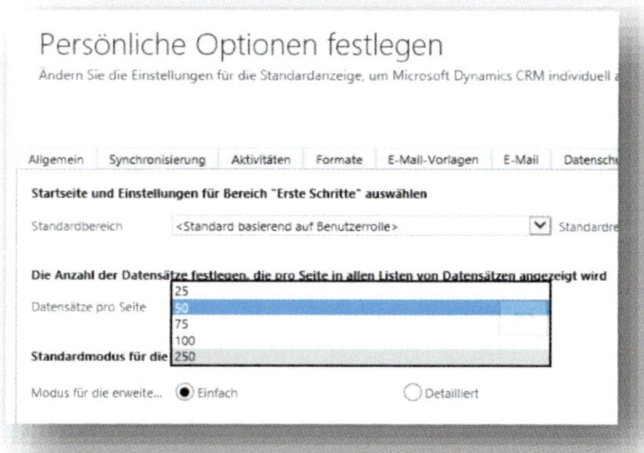

umstellen.

Screenshot 150: Benutzerbezogene Einstellung der Zeilenanzahl für Ansichten

---

Für die Überflieger:

Das Microsoft Dynamics CRM hat einen starken Fokus auf eine gute Performance, so dass die Anzeige nicht auf mehr Zeilen pro Ansicht erweitert werden kann. Denn je weniger Daten im ersten Anlauf geladen werden müssen, umso schneller stehen diese in der Anzeige zur Verfügung.

Wenn Sie mehr Daten benötigen, können Sie diese aber nach Excel exportieren.

Gewusst wie: Verwalten von Ansichten

★★★☆☆

Anwendungsfall: Ich möchte die Ansichten einer Tabelle so verwalten, wie ich es für meinen täglichen Arbeitsgebraucht benötige.

Herausforderung

Ich finde keinen Button, um z. B. eine Persönliche Ansicht zu löschen oder auszublenden.

Lösung

Im folgenden Bild ist der Button[40] markiert mit dem Anwender des MS CRM die Ansichten verwalten können.

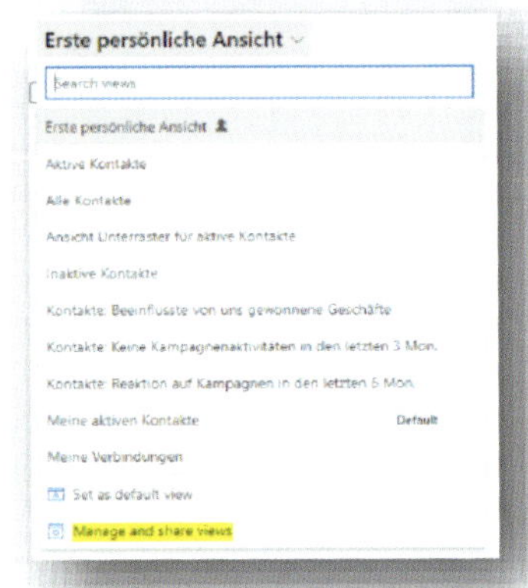

Screenshot 151: Verwalten von Ansichten durch Anwender

Im erscheinenden Wizard können zwei Einstellungen vorgenommen werden. Einerseits kann eingestellt werden, wie die verschiedenen Ansichtstypen sortiert werden sollen…

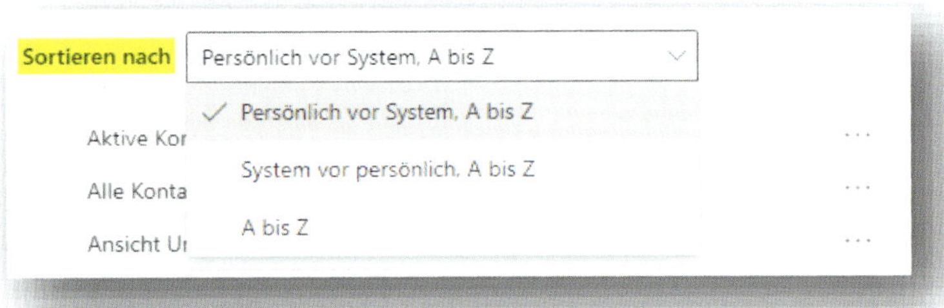

Screenshot 152: Sortierung von Ansichtstypen

… und Einzeleinstellungen für jede Ansicht vorgenommen werden. Allerdings variieren die Optionen für die Einstellungen und es ist nicht sofort ersichtlich, weshalb Optionen verfügbar und manchmal verfügbar sind und manchmal nicht.

[40] Teile der grafischen Oberfläche waren noch nicht vollständig von Microsoft übersetzt, als ich die Screenshots der neuen Funktionen in deutscher Sprache gemacht habe.

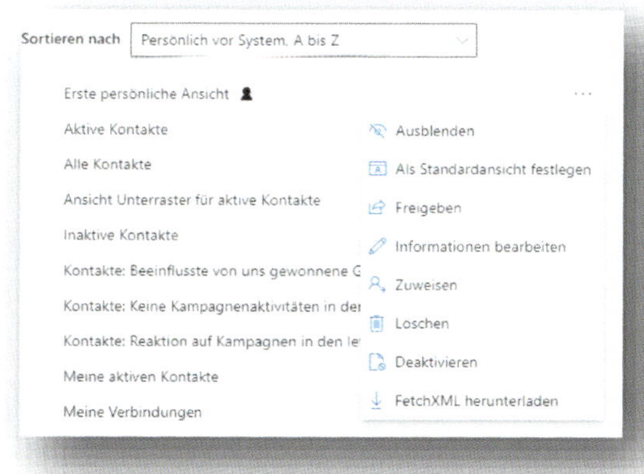

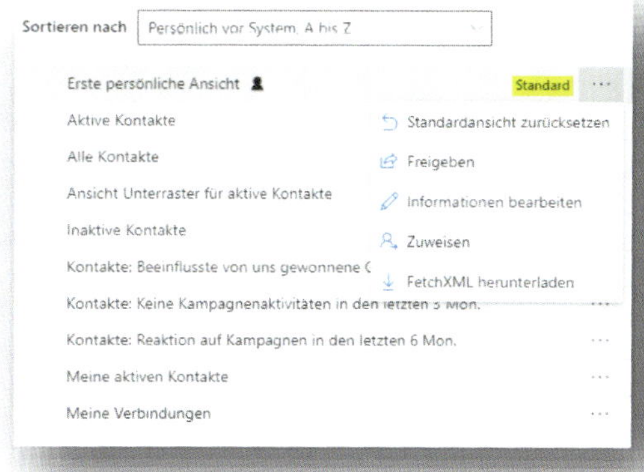

Screenshot 153: Optionen zur Verwaltung von Ansichten

In den beiden oben gezeigten Screenshots sind für dieselbe Ansicht *Erste persönliche Ansicht* einmal acht und einmal fünf Optionen verfügbar. Der Unterschied ist erkennbar an dem gelb markierten Hinweis im rechten Screenshot.

Wurde ein Ansicht als Standardansicht festgelegt, ist es nicht möglich sie z. B. zu löschen, zu Deaktivieren und, selbstverständlich, als Standardansicht festzulegen. Soll also eine Standardansicht gelöscht oder deaktiviert werden, muss zuerst eine andere Ansicht als Standardansicht festgelegt und dann erst die Deaktivierung gewählt werden.

Während Systemansicht nur ausgeblendet werden können, können Persönliche Ansichten sowohl ausgeblendet als auch deaktiviert werden.

Zum Zeitpunkt der Buchveröffentlichung war es möglich, eine Persönliche Ansicht sowohl zu deaktivieren als auch gleichzeitig auszublenden.

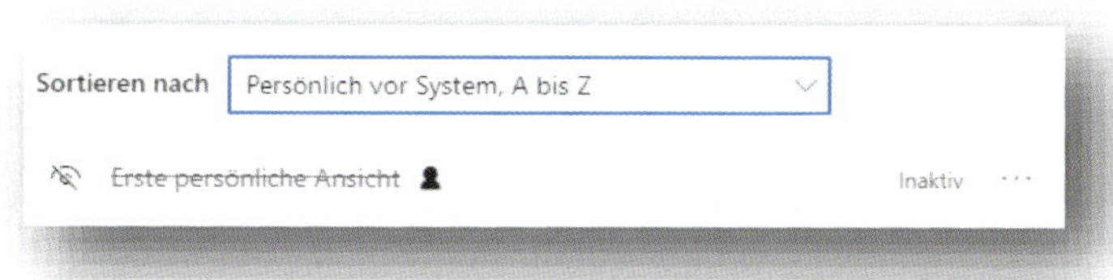

Screenshot 154: Deaktivierte und ausgeblendete Persönliche Ansicht

Eine Dokumentation dazu gab es hierzu noch nicht, es ist aber anzunehmen, dass das *Ausblenden* für den Anwender selbst gilt, während das *Deaktivieren* für sämtliche Anwender gilt. So oder so führt der Status *Inaktiv* aber immer dazu, dass die Ansicht nicht mehr angezeigt wird. Hier wird es sicherlich noch eine Aktualisierung seitens Microsoft geben.

Gewusst wie: Festlegen von Standardansichten

★★☆☆

Anwendungsfall: Ich möchte die Daten sehen, mit denen ich jeden Tag arbeite.
Anwendungsfall: Ich möchte den Start im System mit meinem Dashboard beginnen.

Herausforderung

Wenn ich im System starte, sehe ich meist allgemeine Systemansichten wie z. B. *Aktive Firmen*. Ich weiß nicht wo ich das umstellen kann.

Lösung

In der neusten Version des MS CRM können Sie die Standardansicht mit Klick auf den folgenden Button[41] umstellen.

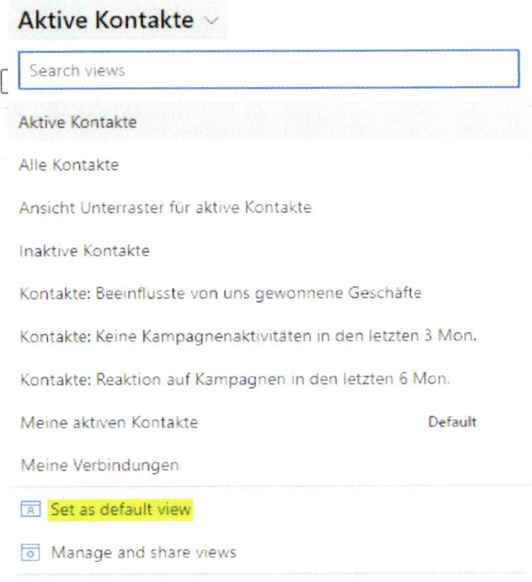

Screenshot 155: Umstellen der Standardansicht

Dazu wählen Sie zuerst die Ansicht aus die sie als neue Standardansicht haben möchte und klicken im Anschluss auf den markierten Button. Ist bereits die Standardansicht ausgewählt, ist der Button nicht verfügbar.

In einer früheren Version der Oberfläche konnten Sie Ansichten, die als Standardansicht aufgerufen werden sollen, mit einem kleinen Pin rechts neben dem Ansichtsnamen festlegen.

Screenshot 156: Festlegen einer Standardansicht für Benutzer

[41] Teile der grafischen Oberfläche waren noch nicht vollständig von Microsoft übersetzt, als ich die Screenshots der neuen Funktionen in deutscher Sprache gemacht habe.

Ansichten können auch in der Verwaltung von Ansichten als Standardansicht festgelegt werden. Detailliert beschrieben ist dies im vorherigen Abschnitt *Gewusst wie: Verwalten von Ansichten*.

Für die Überflieger:

Wurde noch keine Ansicht vom Anwender selbst über den Pin ausgewählt, wird immer die vom bei der Systeminstallation oder vom Administrator ausgewählte Systemansicht als Standard angezeigt.

Zusätzlich können Sie die Systemansichten und Module (meist Vertrieb, Marketing und Service) festlegen, die beim Systemstart zuerst aufgerufen werden sollen.

Klicken Sie dafür auf die Funktion Personalisierungseinstellung und danach auf *Optionen*.

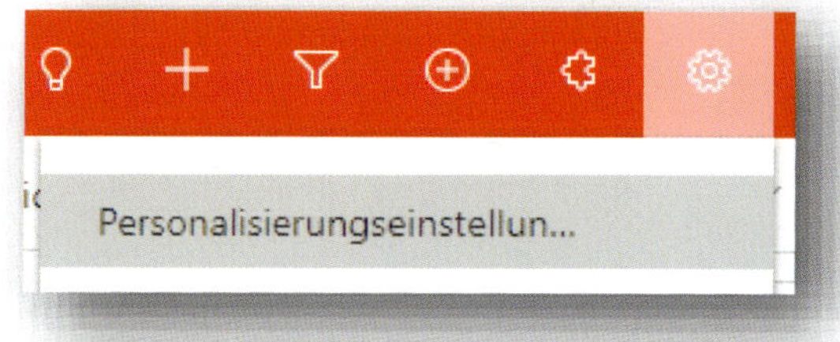

Screenshot 157: Aufruf der Persönlichen Einstellungen

Dort können Sie im Register *Allgemein* den *Standardbereich* sowie die *Standardregisterkarte* festlegen.

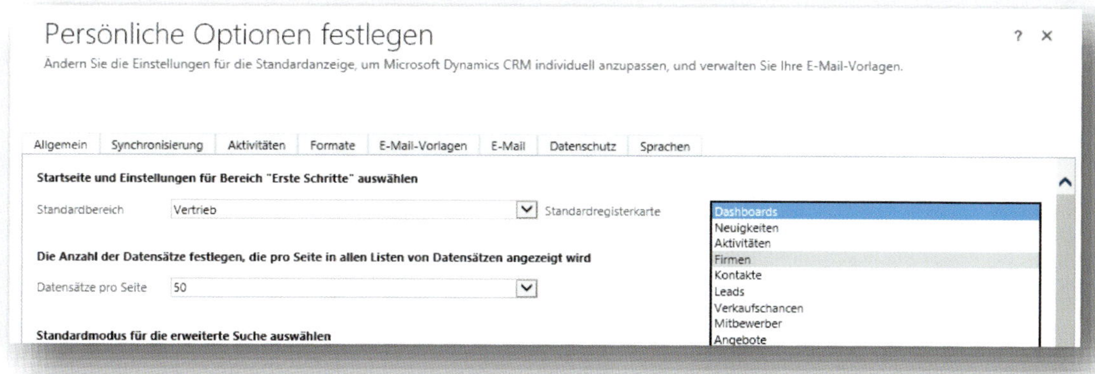

Screenshot 158: Festlegen der Standardansichten durch Benutzer

Gewusst wie: Öffnen des eigenen Benutzerkontos

★☆☆☆

Anwendungsfall: Ansehen der eigenen Benutzereinstellungen, hinterlegte Daten oder um einen Beitrag zu schreiben.

Herausforderung

Bevor ich mein eigenes Benutzerkonto sehen kann, muss ich erst umständlich nach einem Link mit meinem Namen suchen.

Lösung

Klicken Sie für die Persönlichen Einstellungen auf das Zahnrad in der rechten oberen Ecke und navigieren Sie zu den Optionen. Ganz am unteren Ende finden Sie einen Link zu ihrem Benutzerkonto.

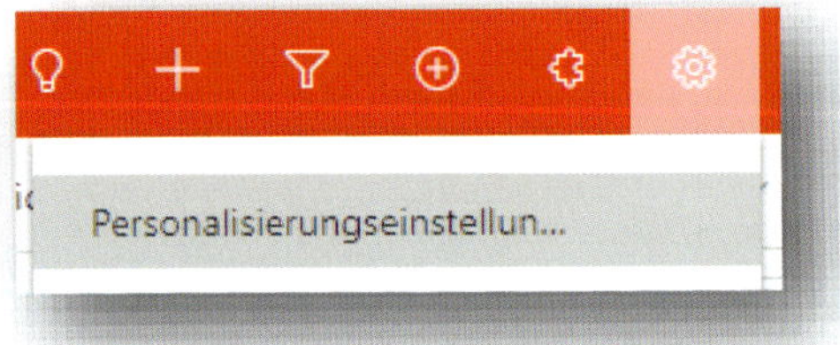

Screenshot 159: Aufruf der Persönlichen Einstellungen

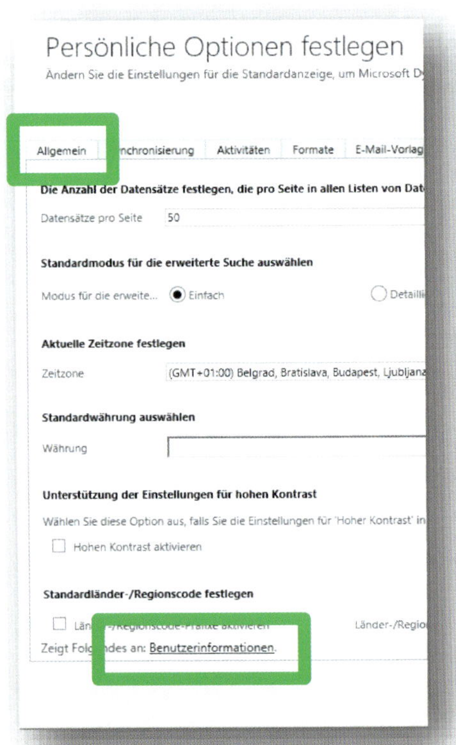

Screenshot 160: Aufruf des eigenen Benutzerkontos in den Persönlichen Einstellungen

Gewusst wie: Hochladen eines Bildes für den eigenen Benutzer

★☆☆☆

Anwendungsfall: Ich möchte ein Bild für meinen Benutzer hinterlegen.

Herausforderung

Wie ich Bilder für Firmen und Kontakte hinterlege ist mir bekannt. Für meinen Benutzer kann ich aber kein Bild hinterlegen, obwohl der Platzhalter gleich aussieht.

Lösung

Wenn Sie für einen Kontakt ein Bild hochladen möchten, öffnen Sie Ihr Benutzerkonto wie es im vorherigen Abschnitt *Gewusst wie: Öffnen des eigenen Benutzerkontos* beschrieben ist. Klicken Sie dann auf das voreingestellte Bild (in Beispiel unten nur ein Symbol - der blaue Kreis mit dem Kürzel BL) - Etwas irritierend dabei ist, dass es keinen Mouseover-Effekt gibt, wenn man mit der Maus darüber wandert. Die Funktion für den Upload ist aber trotzdem vorhanden.

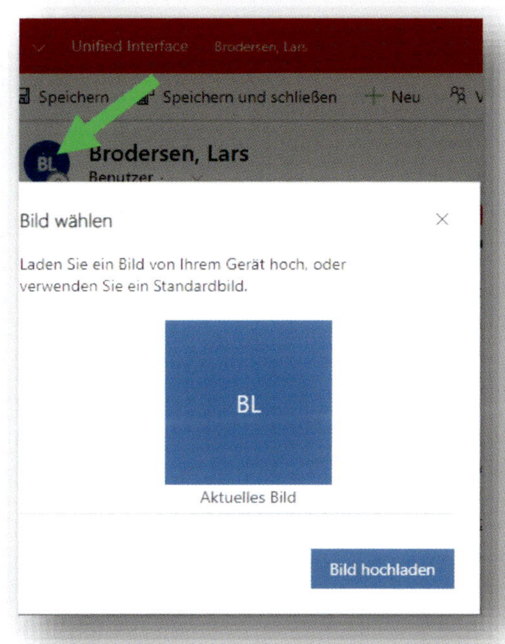

Screenshot 161: Mouseover-Effekt für die Anzeige des Benutzernamens in der Navigation

Gewusst wie: Dateneingabe

Es gibt mehrere Funktionen im Microsoft Dynamics CRM, die in der Benutzeroberfläche nicht erahnen lassen, dass sie auch einfacher angewendet werden können als augenscheinlich wahrzunehmen. Diese hintergründigen Hilfestellungen würden für sich genommen keine Bücher füllen, führen aber durch die Vielzahl der Verwendung sehr schnell zu einer deutlichen Arbeitserleichterung.

Daher werden in den folgenden Tipps und Tricks alternative Wege zur Dateneingabe beschrieben. So soll z. B. durch die verbesserte Kombination der Tastatur- und Mausfunktionen ein schnellerer Weg aufgezeigt werden, zum Ziel zu kommen.

Die Tipps und Tricks zielen dabei insbesondere auf Datumsangaben, Hinterlegung von Zeiträumen sowie der Identifikation von Einzelwerten aus einer Vielzahl von Optionen ab. Damit bedienen sie einen Bereich von Informationen, der weniger häufig als z. B. Fließtexteingaben oder die Auswahl von Optionswerten verwendet wird und damit einen höheren Schwellenwert in der Anwendungskomplexität aufweisen.

Gewusst wie: Verwenden von Tastenkürzeln

★★☆☆

Anwendungsfall: Nutzen des Keyboards anstelle zur Maus zu greifen.

Herausforderung

Wiederkehrende Aktivitäten könnten schneller bearbeitet werden, wenn der Griff zur Maus entfallen würde. Allerdings sind mir die Tastenkürzel nicht bekannt.

Lösung

Schauen Sie sich einmal auf der folgenden Webseite von Microsoft um, wo eine Übersicht aller Tastenkürzel enthalten ist, wenngleich vermerkt ist, dass diese hauptsächlich für OnPremise-Systeme gelten.

Deutsch (OnPrem):
https://docs.microsoft.com/de-de/dynamics365/customerengagement/on-premises/basics/keyboard-shortcuts

Deutsch (Online):
https://learn.microsoft.com/de-de/power-apps/user/keyboard-shortcuts

Englisch (OnPrem):
https://learn.microsoft.com/en-us/dynamics365/customerengagement/on-premises/basics/keyboard-shortcuts?view=op-9-1

Englisch (Online):
https://learn.microsoft.com/en-us/power-apps/user/keyboard-shortcuts

Gewusst wie: Schnelleingabe von Datumsangaben

★☆☆☆

Anwendungsfall: Eingabe von Daten (Plural von Datum) in ein Feld, ohne die Kalenderfunktion zu benutzen.

Herausforderung

Es ist manchmal einfacher die Informationen einzugeben, indem man die verschiedenen Felder mit der Tab-Taste durchläuft. Aber für die Datumseingabe über die Kalenderfunktion benötige ich die Maus, was die Benutzereingabe stört.

Lösung

Wenn das Kalender- oder Zeitauswahlfenster sich nicht automatisch öffnet, drücken Sie einfach die Enter-Taste und es öffnet sich. Wählen Sie z. B. danach den Tag mit den Cursortasten und bestätigen Sie das Datum bzw. die Zeit einfach mit Enter.

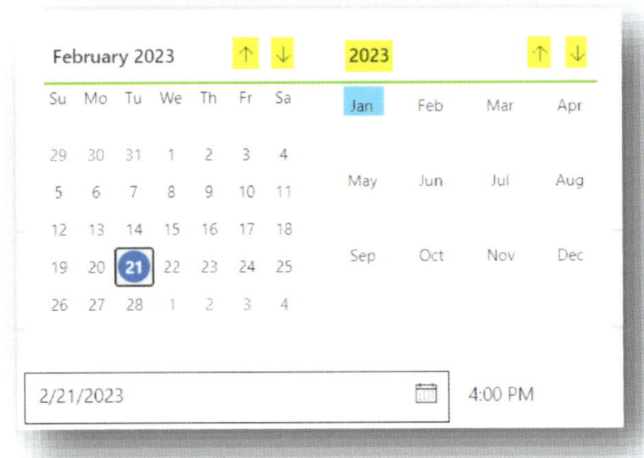

Screenshot 162: Kalendersymbol für Datumsfelder

Mit der Tab-Taste kann man zwischen den markierten Bereichen wechseln und mit Enter bestätigen.

- Gelb/Blau markiert: Lassen sich mit der Tab-Taste ansteuern
- Gelb markiert: Lassen sich mit Enter aktivieren und führen zu einem Wechsel unterhalb des grünen Striches
- Blau markiert: Führt zu einem Wechsel links in der Tagesauswahl

Hier ist über die Zeit leider eine Verschlechterung eingetreten. Im Legacy Interface konnte man mit der Eingabe von Monat und Tag noch leicht die Datumseingabe abkürzen:

Screenshot 163: Überspringen der Jahreseingabe in Datumsfeldern im Legacy Interface

In der neuen Darstellung führt dies zu keinem Ergebnis mehr. Da es trotzdem möglich ist, allein mit der Tastatur zu arbeiten und nicht die Maus nicht zu verwenden, ist der Nachteil nicht so signifikant. Schade ist es aber allemal.

Gewusst wie: Schnelleingabe in Suchfeldern
★★☆☆

Anwendungsfall: Die Eingabe von Werten in Suchfeldern ist aufwändig, aber unumgänglich.

Herausforderung

Das Aussortieren von Daten für die Suche oder Berichte ist durch die lange Liste an Feldern umständlich.

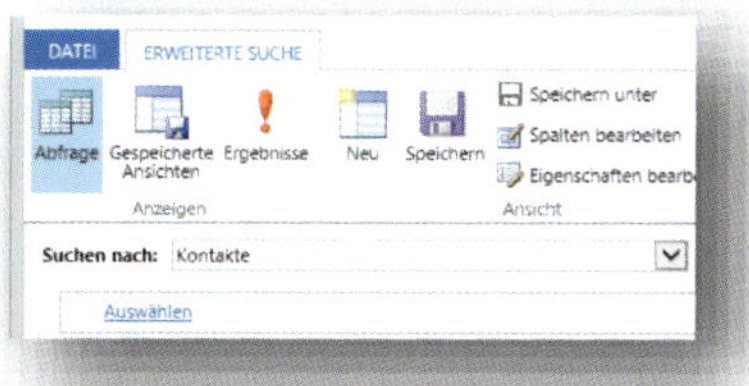

Screenshot 164: Auswahl einer Entität in der Erweiterten Suche

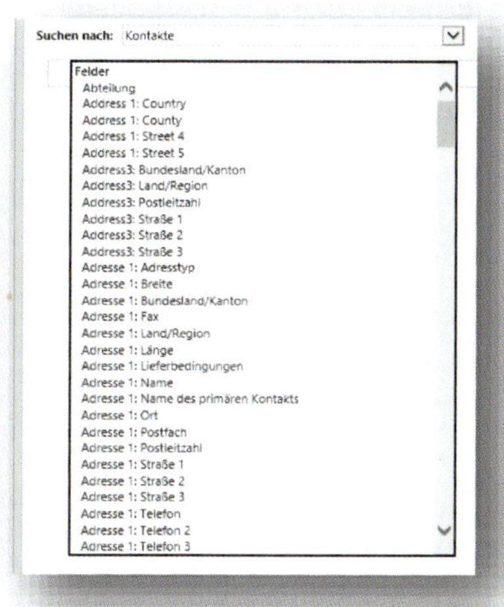

Screenshot 165: Feldliste einer Entität in der Erweiterten Suche

Lösung

Klicken Sie auf das Feld *Auswählen* und beginnen Sie den Feldnamen mit der Tastatur einzugeben.

Das CRM erkennt Ihre Eingabe und wird sofort an den Punkt im Alphabet springen der den Eingaben entspricht. Dieses Vorgehen funktioniert an fast allen Stellen wo Sie Feldlisten haben, z. B. auch in Optionsfeldern.

Für die Überflieger:

Es gibt Felder in der aktuellen Entität (hier Kontakt) und Felder in Entitäten, die in Bezug zur Entität Kontakt gesetzt wurden.

Die ersteren sind Felder, die zum Kontakt selbst gehören, wie z. B. die Adressangaben.

Screenshot 166: Primäre Entitätsfelder in der Erweiterten Suche

Die letzteren sind verknüpfte Informationen, die nicht primär zum Kontakt selbst gehören.

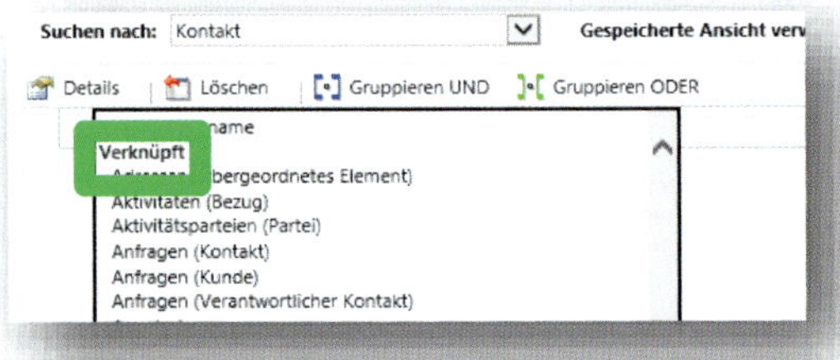

Screenshot 167: In Bezug gesetzten Entitätsfelder in der Erweiterten Suche

Bitte notieren Sie sich vorher das Feld, das Sie suchen bzw. achten Sie darauf, ob das Richtige gefunden wurde, wenn Sie den Feldnamen über die Tastatur eingeben.

Gewusst wie: Überschreiben der Angabe zur Dauer

★★★☆

Anwendungsfall: Eingabe einer *Dauer* für eine Aktivität über z. B. 1 Woche.

Herausforderung

Die Auswahl der *Dauer* ist auf maximal 3 Tage beschränkt.

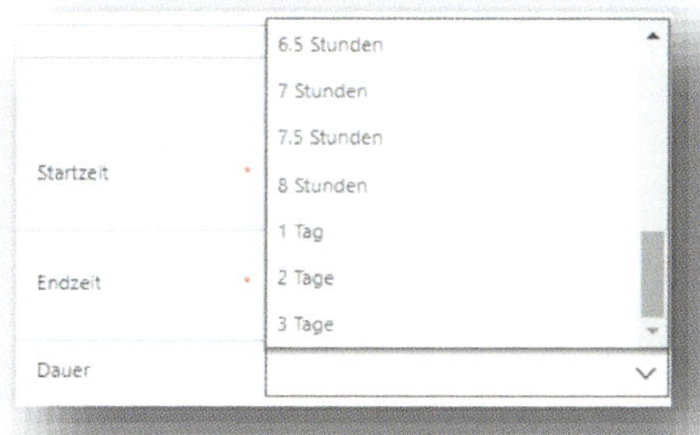

Screenshot 168: Eingabemöglichkeit für Dauer-Feld in Aktivität

Lösung

Die *Dauer* wird als Minutenangabe gespeichert und kann entsprechend verändert werden. Dazu reicht es einfach die Minutenanzahl als Zahl oder z. B. die Tagesanzahl als Zahl und Beschreibung anzugeben. Klicken Sie dazu in das Feld...

Screenshot 169: Auswahl des Dauer-Feldes in einer Aktivität zur Dateneingabe

geben Sie die Zahl *10.080* oder aber *7 Tage* an...

Screenshot 170: Transformation von Minuten-Werten in einem Dauer-Feld in Tagesangabe

und als Resultat wird 1 Woche angezeigt.

Sie müssen lediglich die gleiche Syntax wie das CRM-System verwenden. Es erscheint aber ein Fehlerhinweis, der die Syntax beschreibt, wenn sie den Mauszeiger über das Fehlersymbol bewegen.

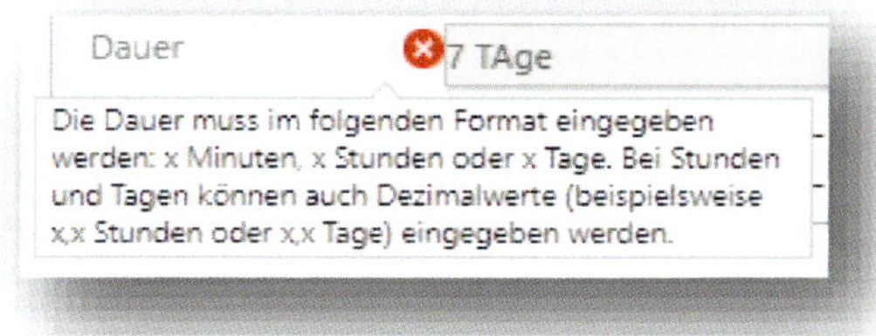

Screenshot 171: Syntaxhinweis bei Dauer-Angabe

Glossar

Das Glossar soll die Anwender in die Lage versetzen, das CRM-System und dessen Terminologie besser kennenzulernen. Alle Begriffe sind bereits in den Anwendungshinweisen enthalten, um den Lesern den Begriff in dem Moment nahe zu bringen in dem sie von den Tipps und Tricks profitieren.

Die Begriffsdefinitionen sind an der Praxis orientiert und in einem möglichst alltagsnahen Sprachgebrauch formuliert. Dementsprechend wurde weniger Fokus auf einen Abgleich mit den offiziellen Definitionen von Microsoft oder Nachschlagewerken wie einem Lexikon oder dem Duden gelegt. Dort sind die Begriffserläuterungen zwar untereinander einheitlicher, dafür aber schwerer verständlich beschrieben. Die Begriffe selbst entsprechen aber dem Sprachgebrauch von Microsoft.

Das Glossar ist zusätzlich in Funktionen und Bezeichnungen unterteilt, die jeweils alphabetisch sortiert sind. Bei manchen der Begriffe werden ausnahmsweise englische Wörter verwendet, wenn es für sie entweder keine treffende Übersetzung gibt oder komplett vom Praxisgebrauch abweichen würde.

Die Liste der enthaltenen Funktionen und Bezeichnungen ist nicht abschließend, enthält aber alle Begriffe, die in den Anwendungshinweisen enthalten sind.

Funktionen

Funktionen sind alleinstehende Anwendungshilfen (ohne Wechselwirkung mit anderen Funktionen) für die Systembenutzer. Diese Festlegung ist aber nicht zu genau zu nehmen, weil Funktionen wie das DrillDown oder das Unterraster im Rahmen einer anderen Funktion (Diagramm bzw. Eingabemaske) verwendet werden.

Absprungleiste: Eine alphabetische Auflistung am Fuß einer Ansicht zum schnellen Aufruf von Datensätzen die mit dem Buchstaben im primären Feld beginnen.
Aktivitäten: Aktivitäten sind Datensätze im CRM, die sich durch eine Bearbeitungsnotwendigkeit auszeichnen. Sie dienen zur Interaktion mit dem Kunden. Aktivitäten können Emails, Telefonanrufe, Faxe, (Serien-)Termine, Aufgaben, Briefe, Serviceaktivitäten, Social Media-Aktivitäten und weitere, von der Administration definierte Aktivitäten wie z. B. Besuchsberichte o. ä. sein.
Beziehung über eine Rolle: Eine Funktion zum Anlegen einer Geschäftsbeziehung zwischen zwei Datensätzen. Diese Funktion steht für die Entitäten Firma, Kontakt und Verkaufschance zur Verfügung, anders als die Funktion Verbindung, die nahezu alle Entitäten des CRM umfasst.
Dynamics 365 App für Outlook: Die CRM-App für Outlook wird auch Lightweight App genannt, benötigt andere Vorbedingungen als das CRM für Outlook und bietet andere Funktionalitäten. Eine genaue und aktuellere Übersicht ist auf den entsprechenden Webseiten von Microsoft, im TechNet und der CRM-Community von Microsoft zu bekommen.
Dynamics 365 für Outlook: CRM für Outlook wird auch Outlook-Add-in genannt und benötigt andere Vorbedingungen als die CRM-App für Outlook und bietet andere Funktionalitäten. Eine genaue und aktuellere Übersicht ist auf den entsprechenden Webseiten von Microsoft, im TechNet und der CRM-Community von Microsoft zu bekommen.
Dashboard: Eine Zusammenfassung oder Visualisierung von Daten mittels Diagrammen, Ansichten oder sonstigen (externen) Datenquellen.
Diagramm: Eine grafische Darstellung von Informationen mittels Achsen (Zeit, Menge, Person usw.).
Diagramm (integriert in Ansicht): Auf der linken Seite einer Ansicht befindet sich das Diagramm. Wenn es aufgeklappt ist, kann mittels Klick auf einen Farbbalken oder durch Filterung die Anzeige der Datensätze beeinflusst werden.
Direktmailing: Versand einer E-Mail die als Vorlage hinterlegt wurde.

DrillDown: Eine Funktion, um in einem Diagramm eine Filterung von Daten vorzunehmen. Dazu wird auf ein grafisches Element geklickt und anhand eines ausgewählten Feldes die Datenverfügbarkeit eingeschränkt.
E-Mail: Emails sind Aktivitäten, die zur Interaktion mit dem Kunden dienen.
Erweiterte Suche: Eine Hilfefunktion, um Daten mit Verbindungen zu mehreren Entitäten zu finden.
Excel Export: Eine Möglichkeit zur Datenübergabe von CRM an Microsoft Office Excel. Dort können alle Excel-Funktionen, inklusive Filterung und grafischer Darstellung, auf die Daten angewendet werden.
Filtern: Ein Verfahren, bei dem aus der Gesamtmenge an Daten bestimmte Objekte nach Kriterien ausgeschlossen werden.
Folgen: Eine Funktion, um Aktionen für ausgesuchte Datensätze nachverfolgen zu können.
Formular-Assistent: Ein Hilfsfenster mit Erklärungen zur Unterstützung bei der Eingabe von Daten. Der Formular-Assistent stellt kontextbezogene Informationen bereit, um Fehler im Eingabeprozess zu verhindern.
Freigabe: Eine Funktion zur Kollaboration mit anderen Systemanwendern. Einzelne Datensätze, dazu gehören auch Persönliche Ansichten, können über eine Berechtigungsvergabe freigegeben werden.
Globale Suche: Eine Funktion, um Daten in mehreren Entitäten zu suchen.
Massenbearbeitung: Diese Funktion ermöglicht die Informationsbearbeitung mehrerer Datensätze gleichzeitig. Die geänderten Informationen sind dann immer für alle Datensätze gleich.
Menü: Das Hauptmenü am oberen Bildschirmrand, um Funktionen des Systems aufzurufen.
Navigationsleiste: Ein zentrales Element zur Übersicht der Systemstruktur. Die Navigationsleiste ermöglicht den Anwendern und Administratoren das Ansteuern von benötigten Funktionen oder Entitäten.
Öffnen in neuem Fenster: Eine Funktion die einen Datensatz in einem neuen Browserfenster darstellt.
Parteilistenfeld: Ein Suchfeld, dass es erlaubt, Zuordnungen zu mehreren Datensätzen aus verschiedenen Entitäten gleichzeitig vorzunehmen.
Persönliche Ansicht: Ansichten die von Anwendern selbst für ihre tägliche Arbeit erstellt wurden. Wenn keine Freigabe eingestellt wurde, sind sie nur für die Ersteller sichtbar.
Persönliche Einstellung: Eine Sammlung von Einstellungen die individuell vom Anwender vorgenommen werden können.
Schnellsuche: Eine Funktion, um schnell Daten zu finden, die anschließend in einer Ansicht dargestellt werden. Alle Datensätze einer Entität werden durchsucht. Die Suche ist aber auf die meistgenutzten Felder eingeschränkt.
Sortierung: Die Ordnung einer Datenmenge nach alphanummerischer (Namen, Nummern und Werte) Reihenfolge.
Suchfeld: Ein Feld mit dem eine direkte Beziehung zwischen zwei Datensätzen hergestellt werden kann.
Unterraster: Ein separates Fenster in der Eingabemaske (z. B. Firma) für einen Datensatz, wo mehrere zugeordnete Datensätze (z. B. Aufgaben, Verkaufschancen o. ä.) eingeblendet werden.
Verbindung: Eine Funktion zur Darstellung komplexer Geschäftsbeziehungen. Dabei werden zwei Beteiligten verschiedene Rollen zugewiesen und die Verbindung über ein zusätzliches Textfeld beschrieben.
Workflow: Workflows sind Prozesse und führen eine vorab definierte Abfolge von Schritten anhand von Regeln und Ereignissen aus.

Bezeichnungen

Bezeichnungen stellen keine Funktion im eigentlichen Sinne dar, auch wenn sie einen Zweck erfüllen. Sie sind, wie z. B. eine Ansicht, ein Bindeglied von Funktionen (z. B. das Sortieren und Filtern) oder ein Darstellungselement, können vom Anwender selbst aber „nur" genutzt werden. Aber nicht mit dem Ziel einer tatsächlichen Veränderungsbearbeitung von z. B. Daten. Sie können aber trotzdem Zentrum von Fragen sein, z. B. Wie filtere ich in einer Ansicht? oder Wie filtere ich in einem Popup? und sind daher ein Bestandteil der Terminologie, weil die Antwortmöglichkeit der Administratoren oder die Treffer bei der Internetsuche davon abhängig sind.

Aktivität: Maßnahme, um mit Kunden in Kontakt zu treten.
Ansicht: Eine Liste von Datensätzen die, begrenzt durch Filterungen oder Sortierungen, in Spalten dargestellt wird.
Asterisk: Das Sternzeichen (*) ist ein typografisches Zeichen. In Suchfeldern stellt es einen Platzhalter *vor* und *während* einer Zeichenkette dar.
Benutzer: Ein Benutzer ist ein Anwender des Microsoft Dynamics CRM.
(Daten-)Feld: Ein Datenfeld ist der kleinste Bestandteil eines Datensatzes. Es ist ein Merkmal, wie z. B. die Artikelnummer für ein Produkt oder der Name einer Firma, und dient zur Auswertung oder Identifikation.
Datensatz: Eine Gruppierung von Datenfeldern zu einer logischen Struktur, z. B. zur Erfassung aller Informationen eines Unternehmens oder einer Person.
Eingabemaske: Die Eingabemaske ermöglicht die Anordnung von Datenfeldern in einer Struktur. Sie sammelt die Informationen die notwendig sind um in Kommunikation oder Geschäftskontakt, z. B. mit einer Firma, zu treten.
Einstellung: Ein Modul zur Auswahl in der Hauptnavigation, in dem Systemeinstellungen vorgenommen werden können.
Entität: Eine Tabelle bzw. Container für einen Bereich von Datensätzen wie z. B. Firmen, Kontakte usw.
Ereignis: Damit ist die nachvollziehbare Veränderung von Daten in einem Feld gemeint. Die Veränderung kann entweder durch das System oder durch die Eingabe eines Anwenders auftreten.
Prozess: Prozesse sind automatisierte Abläufe und übernehmen wiederkehrende Tätigkeiten im CRM. Sie werden durch Regeln festgelegt und können vollautomatisch im Hintergrund ablaufen oder in Interaktion mit Benutzereingaben funktionieren. Sie starten bei vorab festgelegten Ereignissen.
Schnelleingabeform: Dies sind Eingabemasken mit einer eingeschränkten Auswahl an Feldern. Sie sollen den Erfassungsprozess beschleunigen und erleichtern.
Sortierreihenfolge: Daten werden entweder aufsteigend oder absteigend sortiert. Bei den Sortierungen ist darauf zu achten, dass Sonderzeichen, Leerzeichen, diakritische Zeichen (wie z. B. beim á), Bindestriche und Nummern ebenso berücksichtigt werden. Je nach Sprache kann es Besonderheiten im Alphabet geben die zu unterschiedlichen Ergebnissen führen.
Sozialer Bereich: Eine Sammlung von Elementen (Online-Beiträgen, Aktivitäten und Notizen) zur Vereinheitlichung der Kommunikationshistorie des bzw. mit dem Kunden.
Suche: Ein Verfahren in einem bestimmten Suchraum bei dem nach Objekten mit bestimmten Eigenschaften gesucht wird. Im CRM selbst (ohne die Browsersuche) gibt es verschiedene Suchfunktionen:

- Intuitive Verfahren (alphabetisch):
  - Absprungleiste
  - Diagramm (integriert in Ansicht)
  - Filterung
  - Globale Suche
  - Schnellsuche
  - Sortierung
- Heuristische Verfahren:
  - Erweiterte Suche
  - Excel (insbesondere Excel Pivot)

Suchfeld: Suchfelder sind Datenfelder, bei denen durch die Administration festgelegt wurde, dass ihre Inhalte für die Schnellsuche zur Verfügung stehen.

Tabellenverzeichnis

Screenshot-Verzeichnis